CCUS安全风险管控丛书

碳捕集、利用与封存(CCUS)安全风险管理基础

中国石油化工股份有限公司胜利油田分公司CCUS项目部 组织编写

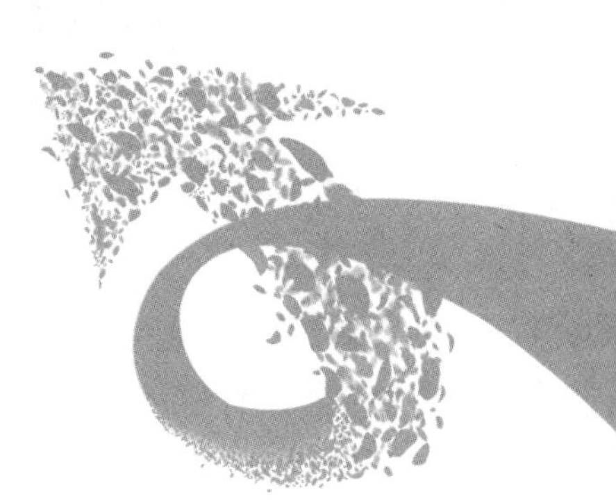

中国石化出版社

内 容 提 要

本书是为适应石油石化行业涉 CCUS 岗位人员培训专门编写的培训教材，内容主要包括 CCUS 基础知识、工业化历程、风险识别、安全管理和应急管理等。

本书内容全面、系统、可读性强，特别适合作为石油石化行业 CCUS 经营管理人员、专业技术人员的安全基础知识普及培训教材。

图书在版编目(CIP)数据

碳捕集、利用与封存(CCUS)安全风险管理基础 / 中国石油化工股份有限公司胜利油田分公司 CCUS 项目部组织编写. —北京：中国石化出版社，2023. 8
(CCUS 安全风险管控丛书)
ISBN 978-7-5114-7190-1

Ⅰ. ①碳… Ⅱ. ①中… Ⅲ. ①石油工业-二氧化碳-收集-安全管理-风险管理-研究-中国 Ⅳ. ①X701. 7

中国国家版本馆 CIP 数据核字(2023)第 141241 号

中国石化出版社出版发行

地址：北京市东城区安定门外大街 58 号
邮编：100011　电话：(010)57512500
发行部电话：(010)57512575
http://www.sinopec-press.com
E-mail：press@sinopec.com
北京科信印刷有限公司印刷
全国各地新华书店经销

*

710 毫米×1000 毫米 16 开本 11 印张 160 千字
2023 年 8 月第 1 版　2023 年 8 月第 1 次印刷
定价：59.00 元

Foreword

前言

随着“温室效应和全球气候变暖”等一系列因二氧化碳导致的全球性问题的日益加剧，减碳、降碳、“双碳”目标等词汇也逐渐进入大众视野。针对这一问题诞生的碳捕集与封存(CCS)技术和碳捕集、利用与封存(CCUS)技术，逐渐受到世界各国的高度重视。世界各国在纷纷加大研发力度的同时，也进行了许多项目先导试验、产业化发展的大胆尝试，在二氧化碳驱油技术等方面取得了一定的进展，在技术应用方面也积累了许多宝贵的经验。但机遇与挑战并存，我国 CCUS 产业化发展的进程中不可忽视的，也是管理过程中最为重要的就是安全风险管理，特别是因二氧化碳的理化性质产生的风险，成为目前我们关注和研究的重点。

鉴于此，中国石油化工股份有限公司胜利油田分公司 CCUS 项目部基于国内最大的碳捕集、利用与封存全产业链示范基地、国内首个百万吨级 CCUS 项目“齐鲁石化–胜利油田百万吨级 CCUS 项目”的建设运行情况编写本丛书。本丛书包含两个分册:《碳捕集、利用与封存(CCUS)安全风险管理基础》，主要包括 CCUS 基础知识、CCUS 工业化历程、CCUS 风险识别、CCUS 安全管理、CCUS 应急管理等内容，主要作为石油石化行业 CCUS 安全基础知识普及培训教材，同时也可供相关经营管理人员、专业技术人员参考学习;《碳捕集、利用与封存(CCUS)安全风险防控技术》，主要包括二氧化碳捕集风险防控、二氧化碳运输风险防控、二氧化碳驱油注入站场风险防控、二氧化碳驱油注入采出井场风险防控、二氧化碳驱油集中处理回注风险防控等内容，主要作为石油石化行业 CCUS 风险防控技术培训教材，同时也可供相关专业技术人员、岗位操作人员参考学习。

本书由中国石化胜利油田高级专家、CCUS 项目部负责人武继辉任主编，胜利油田 CCUS 项目部副经理赵金刚与安全总监杨雷任副主编。刘慧颖负责第一章和第二章编写；孙永强负责第三章第一节、第三节编写；赵铁军负责第三章第二节和第五章编写；李山川负责第四章编写。

刘鹏和王礼等同志参与了本书的编写规划；姚明、黎增武、汪海鹏、刘杰等同志参与全书的文字修改工作。本书的编写还得到了胜利油田王杰、赵延茂、沈建、武英山、李建康、常振强、张爱民等同志的大力帮助，提出了许多宝贵的建议，在此一并表示感谢。

在编写过程中，本书参考了大量的标准、文献资料和教材，汲取了各方面诸多专家的成果。对此，编者在该书的参考文献中尽可能地予以列举，并谨向有关作者、编者表示深深谢意，并向出版单位致敬。特别感谢中国石化华东油气勘探开发管理部副经理梁珀同志无私提供的相关资料。

由于编者水平有限，不妥及疏漏之处在所难免，敬请广大读者批评指正。

Contents

目录

第一章

碳捕集、利用与封存基础知识

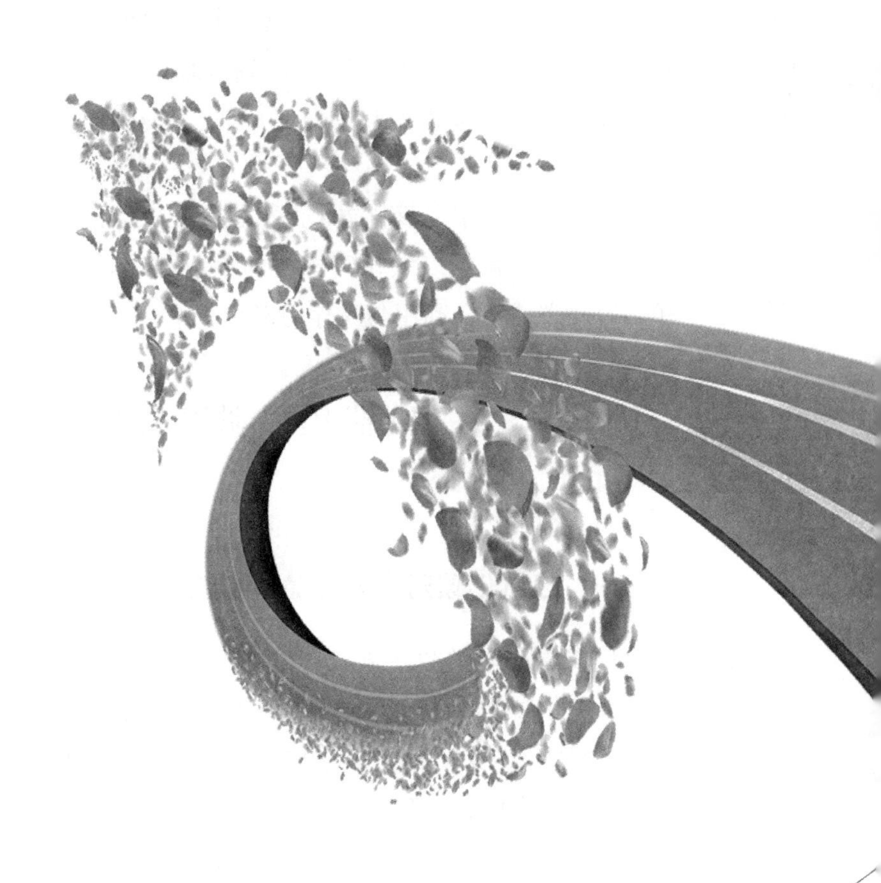

由于世界经济快速发展和化石燃料的大量使用，全球生态环境日益恶化，其中最为明显的表现就是二氧化碳过多排放导致的温室效应和全球气候变暖。这不仅会对人类赖以生存的环境产生巨大威胁，也会对生命健康、经济发展、社会稳定等造成不同程度的影响。为解决这一难题，世界各国均已大力研发应用低碳技术，发展低碳经济，履行减少二氧化碳排放承诺。

作为减碳技术的领头羊，CCUS 技术被公认为是应对全球气候变化、控制温室气体排放的重要技术之一。CCUS(Carbon Capture，Utilization and Storage)技术，即碳捕集、利用与封存技术，是指从排放源中分离出二氧化碳加以利用或封存，实现二氧化碳减排的工业过程。它是在 CCS(Carbon Capture and Storage)技术，即碳捕集与封存技术基础上增加了“利用”这一概念。尽管我国起步较晚，但在国家支持、政府指导、校企合作、科研单位协助下，近年来 CCUS 技术已取得较大进步，获得了多项具有自主知识产权的技术成果，并逐渐向产业化、工业化稳步推进。

本章主要介绍二氧化碳来源，二氧化碳过量引发的温室效应对生态环境的影响，减少二氧化碳排放的手段，二氧化碳物理化学性质与应用，以及碳捕集、利用与封存的现状。

第一节　碳捕集、利用与封存应用背景

一、二氧化碳对生态环境的影响

1. 二氧化碳排放来源

二氧化碳的排放来源有很多，包括化石能源(煤炭、石油、天然气)的燃烧，煤炭、石油等的生产和加工过程，动物的呼吸、粪便，植物的呼吸、腐植酸发酵，有机物(动物、植物)的发酵、腐烂过程，火山喷发、森林大火等。

能源燃烧是二氧化碳排放的主要来源，根据国际能源署(IEA)发布的《全球能源回顾：2021 碳排放》报告，新冠疫情的流行对 2020 年的能

源需求产生了深远影响，同期全球二氧化碳排放量减少了5.1%。而2021年以来，全球经历了迅速的经济复苏，尽管可再生能源发电量创下了有史以来最大的年度增长，但恶劣天气和能源市场条件使得能源需求强劲回升，导致了燃煤发电大幅增加。全球能源燃烧和工业过程产生的二氧化碳排放量在2021年出现强劲反弹，达到363×10^8t，较2020年同比增量超20×10^8t，增长6%，达到了有史以来年度最高水平。其中，电力和供热行业的碳排放量涨幅最为明显，较2020年增长了9×10^8t，增长6.9%，占全球二氧化碳排放增量的46%。

国内不同行业二氧化碳排放量排在前五位的分别是电力和供热行业，石油加工、炼焦及核燃料加工业，黑色金属冶炼及压延加工业，非金属矿物制品业和化学原料及化学制品制造业。此外，农业活动的二氧化碳排放量占二氧化碳排放总量比例较低，且农业生态系统在相当大的程度上能够减少因人类活动造成的二氧化碳排放。

2. 温室效应

温室效应（Greenhouse Effect），又称“花房效应”，是指太阳短波辐射透过大气射入地面，地面吸收辐射增暖后反射的长波辐射被大气中的二氧化碳等物质所吸收，从而产生大气变暖的效应。大气中能够引起这种效应的气体称为温室气体，主要有二氧化碳、甲烷、臭氧、各种氟氯烃以及水蒸气等。虽然大气中的水蒸气含量高于二氧化碳等人为温室气体，但其不直接受到人类活动的影响。而随着现代化工业社会煤炭、石油和天然气过多燃烧，以及大量汽车尾气的排放，导致以二氧化碳为主的人为排放温室气体的含量在逐年增加，进而加剧了温室效应的影响。

温室效应会带来诸多影响以及连锁反应，其中最直观的就是全球气候变暖。全球气候变暖使南北极和永冻层冰盖以及高山冰川逐渐融化，并使海水受热膨胀，进而加快海平面上升速度。海平面上升又会直接导致滨海地区被淹、海岸侵蚀加重、排洪不畅、土地盐渍化和海水倒灌等问题。同时，南北极冰层的融化，可能导致一些史前致命病毒重返人间，危害人类生命健康。因此，控制温室气体排放，减少温室效应刻不容缓。

二、二氧化碳减排的主要手段

国际上应对温室效应加剧主要有五种方案：

（1）优化能源结构，开发核能、风能和太阳能等可再生能源和新能源。

（2）增加植被面积，消除乱砍滥伐，保护生态环境。倘若各国认真推动节制砍伐与森林再生计划，到2050年整个生物圈可每年吸收约0.7Gt碳量的二氧化碳，并可以降低7%左右的温室效应。

（3）提高能源利用效率和节能，包括开发清洁燃烧技术和燃烧设备等，到2050年该项措施可使温室效应降低约10%。

（4）开发生物质能源，大力发展低碳或无碳燃料，例如利用植物光合作用制造出来的有机物充当燃料，借以取代石油等高污染性能源。

（5）从化石燃料的利用中捕集二氧化碳并加以利用或封存。

第二节　二氧化碳的理化性质与应用

一、二氧化碳物理性质

在不同条件下，二氧化碳能以三种状态存在，即气态、固态和液态。在常温、常压下，二氧化碳为无色无味的气体，其密度约为空气的1.53倍。在压力为1atm(1个标准大气压)、温度为0℃时，二氧化碳的密度为1.98kg/m^3。当压力超过2.1MPa且温度低于-17℃时，二氧化碳就以液态形式存在(运输中通常以液态形式装入罐车)。假如温度足够低，在一定压力范围内，二氧化碳则以固态形式(干冰)存在(图1-1)。

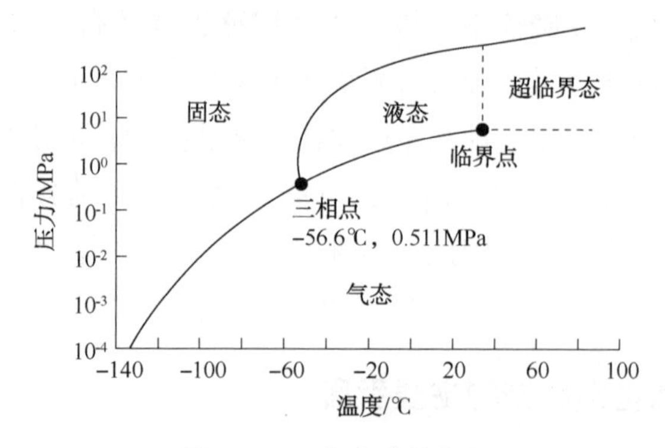

图1-1　二氧化碳相态图

二氧化碳的临界温度是31.26℃，低于这一温度，在广泛的压力范围内，纯二氧化碳可以呈气态存在，也可以是液态存在。超过这个温度后，不论压力有多高，二氧化碳都以气态存在。与临界温度对应的临界压力是7.38MPa，超过这一压力和温度后，纯二氧化碳就不可能被液化。然而，在超过临界压力的高压条件下，随着压力增加，气态二氧化碳会变成一种很像液体的黏稠状物质，表1-1为二氧化碳的临界值相关参数。

表1-1　二氧化碳的临界值

参　数	数　值	参　数	数　值
温度/℃	31.26	黏度/mPa·s	0.03335
压力/MPa	7.38	摩尔体积/(cm^3/mol)	94.24
密度/(g/cm^3)	0.467	偏差系数	0.275

液态二氧化碳密度受压力影响甚微，但受温度影响较大，其密度随温度的降低而明显增大，见表1-2。固态二氧化碳密度基本不受压力影响，同时温度对它的影响也较小。

表1-2　液态二氧化碳的密度

温度/℃	密度/(kg/m^3)	温度/℃	密度/(kg/m^3)	温度/℃	密度/(kg/m^3)	温度/℃	密度/(kg/m^3)
31.0	463.9	7.5	876.0	-7.5	968.0	-43	1134.5
27.5	661.0	5.0	893.1	-10	980.8	-48	1153.5
25.0	705.8	2.5	910.0	-15	1006.1	-53	1172.1
20.0	770.7	0.0	924.8	-25	1052.6		
15.0	817.0	-2.5	940.0	-35	1094.9		
10.0	858.0	-5.0	953.8	-38	1115.0		

二氧化碳的黏度是压力和温度的函数(表1-3)，在温度不变的情况下，气体黏度随着压力的增高而明显地变大，这种特征通常也适用于大多数气体系统。

表 1-3　二氧化碳黏度

压力/MPa	黏度/10^{-5}mPa·s		
	20℃	30℃	40℃
0.1	1163	1510	1560
2	1560	1590	1630
5	1850	1830	1805
7	7320	2500	2120
8	7680	5310	2470
9	8000	5980	3350
10	8280	6500	4875

二、二氧化碳化学性质

二氧化碳是一种无机物，化学性质不活泼，既不可燃，通常也不支持燃烧，低浓度时无毒性。它也是碳酸的酸酐，属于酸性氧化物，具有酸性氧化物的通性，其中碳元素的化合价为正 4 价，处于碳元素的最高价态，故二氧化碳具有氧化性而无还原性，但氧化性不强。

二氧化碳可以溶于水，并与水反应生成碳酸，而不稳定的碳酸容易分解成水和二氧化碳，相应的化学反应方程式为

$$CO_2+H_2O \rightleftharpoons H_2CO_3$$

$$H_2CO_3 \rightleftharpoons CO_2\uparrow+H_2O$$

在一定条件下，二氧化碳能与碱性氧化物反应生成相应的盐，相应的化学反应方程式为

$$CO_2+CaO = CaCO_3$$

二氧化碳会使烧碱变质，相应的化学反应方程式为

$$2NaOH+CO_2 = Na_2CO_3+H_2O$$

当二氧化碳过量时，生成碳酸氢钠，相应的化学反应方程式为

$$Na_2CO_3+CO_2+H_2O = 2NaHCO_3$$

总方程式为

$$NaOH+CO_2 = NaHCO_3$$

二氧化碳和氢气在催化剂的作用下会发生一系列反应，生成甲醇、一氧化碳和甲烷等，其中几种反应的化学反应方程式为

$$CO_2+3H_2 = CH_3OH+H_2O$$

$$CO_2+H_2 = CO+H_2O$$

$$CO_2+4H_2 = CH_4+2H_2O$$

三、二氧化碳的应用

1. 生活领域

二氧化碳经常被应用在我们生活中的方方面面，例如碳酸饮料就是将其注入饮料中，增加压力，使饮料中带有气泡，增加饮用时的口感。固态的二氧化碳又称为干冰，在常温下会气化吸收大量的热，可用于急速的食品冷冻，或冷冻食品的运输。此外，干冰还可以应用于人工造雨、舞台的烟雾效果、食品行业、美食的特殊效果等。二氧化碳密度比空气大、不助燃，更有灭火后不会留下固体残留物的优点，许多灭火器都通过产生二氧化碳，利用其特性灭火。

2. 工业领域

在工业领域，二氧化碳可作为多种试剂，例如作为化学溶剂、清洗剂、膨胀剂、焊接保护气等。

二氧化碳极易液化，在低温条件下(-56.6℃)，压力增加到大约5atm时气态二氧化碳会液化，即使在常温条件下，压力在80atm仍能保持液态，因此可用作汽油、四氯化碳、乙醚等的溶剂和化学清洗剂，是环保和安全的优良溶剂。

干冰(-78.5℃)，会导致许多物质的凝固和收缩发生特殊变化。例如，将污物和纤维表面的油脂凝结和收缩分离出来，达到二次无污染清洁的目的。这是一种全新的高效清洗方式，在航天、核能、船舶、汽车、印刷、电力、模具等众多行业具有特殊的应用价值。

在一些生产过程中(如泡沫塑料的制造)，物质需要在一定的温度和压力下发生体积膨胀和蒸发，形成均匀的中空蜂窝结构。在低温和常压下，二氧化碳可以是冰雪状固体粉末。在一定温度范围内可作为膨胀剂使用，随着温度的升高会气化膨胀。与其他发泡剂相比，二氧化碳具

有阻燃、环保、成本低等优点。

3. 石油地矿领域

在石油生产中，二氧化碳还可以作为石油开采过程中的驱油介质。二氧化碳驱油比单纯水驱效果好，将二氧化碳注入地下，可以最大限度地提高石油资源产量并延长开采年限，同时也是一种相对安全和大容量的二氧化碳封存方法。

第三节　碳捕集、利用与封存现状

CCUS 可实现石油增产和二氧化碳减排双赢，是化石能源大规模低碳开发利用的新兴技术，也是实现“碳达峰、碳中和”的重要途径。

一、二氧化碳捕集

碳捕集技术可应用于大量使用化石能源的工业行业，包括燃煤燃气电厂、石油天然气、煤化工、水泥建材、钢铁冶金等行业。根据工业尾气中二氧化碳浓度，可分为高浓度二氧化碳捕集和低浓度二氧化碳捕集。

1. 高浓度二氧化碳捕集技术

高浓度二氧化碳的捕集多采用低温精馏法，其原理是利用气体中各组分具有不同气化和液化特征，通过制冷，在低温下将二氧化碳与其他组分分离的过程。

目前国内已建成的高浓度二氧化碳捕集典型工程案例主要包括齐鲁石化百万吨级 CCUS 项目，陕西延长石油 30×10^4t/a 全流程一体化 CCUS 项目等。齐鲁石化-胜利油田百万吨级 CCUS 项目由齐鲁石化捕集提供二氧化碳，并将其运送至胜利油田进行驱油封存，实现了二氧化碳捕集、驱油与封存一体化应用。预计 15 年累计注入 1000×10^4t 以上，增油近 300×10^4t，提高采收率 11.6%。

2. 低浓度二氧化碳捕集技术

根据末端的排放气源是否经过燃烧，低浓度二氧化碳捕集技术分为燃烧后捕集、燃烧前捕集和富氧燃烧三大类。

（1）燃烧后捕集

该方式是在燃烧排放的烟气中捕集二氧化碳，如今常用的二氧化碳分离技术主要有化学吸收法(利用酸碱性吸收)、物理吸收法(变温或变压吸附)和膜分离法。相对于其他碳捕集方式来说，适用于烟气排放体积大、排放压力低、二氧化碳浓度低的排放源。燃烧后捕集不仅适用于新建电厂，而且也适用于现有电厂改造，具有对现役机组改造工作量小、对电厂发电效率影响较小的优点，缺点是能耗高、出口温度高、设备投资和运行成本较高。

（2）燃烧前捕集

该方式主要运用于整体煤气化联合循环系统(IGCC)中，将煤高压富氧气化变成煤气，再经过水煤气变换后将产生二氧化碳和氢气。由于气体压力和二氧化碳浓度较高，更容易对二氧化碳进行捕集。剩余氢气则可以被当作燃料使用。该技术的捕集系统小，能耗低，在效率以及对污染物的控制方面有很大的潜力。然而，整体煤气化联合循环发电技术仍面临着投资成本高的问题。

（3）富氧燃烧

该方式采用传统燃煤电站的技术流程，通过制氧技术，将空气中大比例的氮气脱除，直接采用高浓度的氧气与抽回的部分烟气的混合气体来替代空气，这样得到的烟气中有高浓度的二氧化碳气体，可以直接进行处理和封存。该技术路线面临的最大难题是制氧技术的投资和能耗太高。

二、二氧化碳输送

二氧化碳的输送是实现 CCUS 技术的重要一环，该环节将收集的二氧化碳运输到利用或封存地点，对于整个 CCUS 安全平稳运行至关重要。目前二氧化碳运输的主要方式有管道运输、公路运输、铁路运输、水路运输。

1. 管道运输

20 世纪 70 年代早期，为提高原油采收率工业中就已经开始使用管道输送二氧化碳。1972 年，Canyon Reef Carriers(CRC)公司建成第一条二氧化碳管道并投产，以便将天然二氧化碳输送到美国得克萨斯州

SACROC 油田。现存最长的二氧化碳管道为 808km 的 Cortez 管道，输送能力为 2000×10^4t/a。

管道可以输送除固态外任意相态的二氧化碳，还可根据管道所处地理位置、输送距离和公众安全等问题选择最合适的输送状态。相比其他输送方式，管道运输具有可靠性高，可持续输送二氧化碳，运输量大、花费低，受自然环境约束最小以及可采取将运输管道埋入地下的优势。

目前，管道进行长距离、大规模的二氧化碳运输在国外已经获得应用，且国外正在积极进行 CCUS 技术的研发及相应工程项目的建设，二氧化碳管道的总长度及总输量迅速增长。世界上约有 7000km 的二氧化碳管道，其中大部分二氧化碳输送管道位于美国，其余分布于加拿大、挪威和土耳其。由于超临界输送和密相输送具有较好的经济优势，运行管理经验较为丰富，因此主要采用超临界或密相输送方式。

管道输送过程中，由上游端的压缩机提供驱动力，部分还配置中途增压站。典型的做法是将二氧化碳增压至 7.38MPa 以上，提升二氧化碳的密度，以超临界态或密相进行安全输送，对于长距离大量输送二氧化碳，该方法是首选途径。

随着国外 CO_2-EOR（Carbon Dioxide Enhanced Oil Recovery）技术的推广应用，配套的二氧化碳管道正在持续增长中，例如 Pogo Producing 公司建造了 146km 的二氧化碳输送管道用于 CO_2-EOR，俄罗斯与法国合建了一条 304km 的液态二氧化碳输送管道。美国北达科他州气化公司“Weyburn 二氧化碳强化采油项目”，将该公司生产甲烷的副产品二氧化碳，通过管道运输用在加拿大 Weyburn 油田注入地层帮助开采石油。

国内二氧化碳管道运输潜力较大，已经陆续开展了一些工程实践，中国石化的齐鲁石化-胜利油田项目已经建成国内首条百万吨级陆上二氧化碳密相输送管道，全长 109km，设计最大输量 170×10^4t/a。其他油田利用自身距二氧化碳气源点较近的优势采用气相或液相管道将二氧化碳输送至注入井井场，如中国石化华东石油局建有二氧化碳输送管道总长 52km，设计输量 40×10^4t/a；中国石油吉林油田建设了长约 8km 的二氧化碳气相输送管道。此外，中国石油大庆油田在萨南东部过渡带进行

的 CO_2-EOR 先导性试验中建设了 6.5km 的二氧化碳输送管道用于将大庆炼油厂加氢车间的副产品二氧化碳输送至试验场地。整体来看国内二氧化碳长输管道仍处于起步阶段，在二氧化碳管网规划与优化设计、压缩机性能、管道安全监控等方面还较为薄弱。

2. 公路运输

短途运输二氧化碳最有效的方式则是通过罐车进行的公路运输，只有公路运输才能实现从捕集场所到各个注气站点的点对点运输，其灵活性是其他几种运输方式不能比拟的。公路运输具有适应性强、直接运输、周转快、容易掌握、速度较快的优势，但也存在运量小和安全风险高的缺点。

3. 铁路运输

铁路运输相较于公路运输具有运输距离长、输送量大的优势，一节罐车的二氧化碳容量为 50~60t，运输压力约为 2.6MPa。铁路运输的劣势主要是受地域局限性大，沿线需装配装载、卸载和临时储存等设备，若现有铁路不能满足输送条件，必要时还需铺设专门铁路，这些都额外增加了二氧化碳输送成本。2003 年，德国学者 Odenberger 等结合德国当时现有铁路情况估计，在输送距离为 250km 的情况下，年输送 100×10^4t 二氧化碳，每吨费用高达 5.5 欧元。

4. 水路运输

在某些情况下，如海上封存、驱油或输送至海外，受地域影响，船舶运输就成为一种最行之有效的水路运输方法，不仅使运输更加灵活方便，允许不同来源的浓缩二氧化碳以低于管道输送临界尺寸的体积运输，而且能够有效降低运送成本。当海上运送距离超过 1000km 时，船舶运输相比罐车和管道运输更加经济实惠，输送成本将降至 0.1 元/(t·km)以下。

二氧化碳运输船舶根据温度和压力参数的不同可分为三种类型：低温型、高压型和半冷藏型。低温型船舶是在常压下，通过低温控制使二氧化碳处于液态或固态；高压型船舶是在常温下，通过高压控制使二氧化碳处于液态；半冷藏型船舶是在压力与温度共同作用下使二氧化碳处于液态。通常情况下，二氧化碳船舶运输主要包括液化、制冷、装载、运输、卸载和返港等几个主要步骤。

但船舶运输同样存在许多缺陷：必须安装中间储存装置和液化装置；在每次装载之前必须干燥处理储存舱；船舶返港检查维修时，必须清理干净储存舱的二氧化碳；地域限制只适合海洋运输。这些安装与操作将会增加输送成本。

三、二氧化碳利用

1. 二氧化碳驱提高石油采收率

二氧化碳驱提高石油采收率(CO_2-EOR)，是指将二氧化碳注入油藏，利用其与原油的物理化学作用，使原油的性质和油藏的性质发生变化，实现增产石油并封存二氧化碳的工业工程。在油田开发后期注入二氧化碳，使原油体积膨胀，改变油水流度比，降低界面张力，通过萃取、汽化和混相等改善原油流动性，从而提高原油采收率，增加原油产量。一般通过应用 CO_2-EOR 技术可以进一步提高采出地质储量的 7%~23%(平均 13%)的原油。

CO_2-EOR 的实施方法主要有二氧化碳混相驱、二氧化碳非混相驱和二氧化碳吞吐，其中二氧化碳混相驱效率最高、应用最为普遍。该技术以其适用范围大、驱油效率高、成本较低等优势，作为一项成熟的采油技术受到世界产油国的广泛重视。国外二氧化碳驱油主要应用于中高渗油藏，其混相压力低(12MPa)，渗透率高(100~500mD 砂岩)、注采井间压差较小，可以注水，地层压力水平较高，因此以混相驱为主。国内二氧化碳驱油主要应用于低渗透油藏，其混相压力高(30MPa)，渗透率低(小于 50mD)、注采井间压力降落大，注水难，地层压力水平低，因此以近混相驱为主。

目前，世界范围内，二氧化碳驱油技术已成为强化采油主导技术之一。在气驱技术体系中，二氧化碳驱油技术因其可在驱油利用的同时实现碳封存，兼具经济和环境效益而备受工业界青睐。二氧化碳驱油技术在国外已有 60 多年的连续发展历史，技术成熟度与配套程度较高，规模性封存效果显著。美国在利用二氧化碳驱油的同时已封存二氧化碳约 10×10^8t。二氧化碳驱油技术因其封存规模大的特点，在各类 CCUS 技术中脱颖而出，尤其得到了能源界的重视。二氧化碳驱油成为 CCUS 的主要技术发展方向。截至 2020 年，美国已有超过 140 个二氧化碳驱油项目，年注气 6000×10^4t，年产油量约为 1800×10^4t。加拿大二氧化碳驱油技术研究开始于 20 世纪 90 年代，最具代表性的是国际能源署温室气体封存监测项目资助的 Weyburn 项目。该项目通过 320km 管线将美国北达科他州 Beulah 煤气化厂副产的二氧化碳输送到 Weyburn 油田，用于提高油田采收率，年注入 160×10^4t；通过综合监测，查明地下运移规律，以建立二氧化碳地下长期安全封存技术和规范。

我国石油开发提高采收率的二氧化碳封存容量在 200×10^8t 以上，可增采原油 7×10^8t 以上。渤海湾、松辽、塔里木、鄂尔多斯、准噶尔等九个盆地是开展该项技术潜力最大的几个盆地。

自 20 世纪 60 年代以来，我国在大庆、胜利、江苏、中原、长庆、任丘等油田先后开展二氧化碳驱油试验。中国国情和油藏条件的复杂性造就了二氧化碳驱油技术发展的不同历程。20 世纪 60 年代，大庆油田开始了注入二氧化碳驱油技术的早期探索；1990 年前后，大庆油田和法国石油研究机构合作开展二氧化碳驱油技术研究和矿场试验，取得了一系列重要认识。2000 年前后，江苏油田、吉林油田、大庆油田相继开展多个井组规模的试验，进一步探索或验证多种类型油藏二氧化碳驱油可行性，获得了一批重要成果。2021 年我国启动了国内首个百万吨级 CCUS 示范工程和莱 113 块 CCUS 先导试验建设。2022 年 8 月，我国最大 CCUS 全产业链示范基地、国内首个百万吨级 CCUS 项目“齐鲁石化-胜利油田百万吨级 CCUS 项目”正式注气运行，标志着我国 CCUS 产业开始进入成熟商业化运营阶段。

2. 二氧化碳驱替煤层气

二氧化碳驱替煤层气（Carbon Dioxide Enhanced Coal Bed Methane Recovery，CO_2-ECBM），是指将二氧化碳或者含二氧化碳的混合气体注入深部不可开采煤层中，以实现强化煤层气开采，同时长期封存二氧化碳的技术。由于二氧化碳在煤层中的吸附能力比甲烷高，煤体表面对二氧化碳的吸附能力是对甲烷吸附能力的 2~10 倍。因此，在煤层气的强化开采过程中，注入煤层的二氧化碳将优先被吸附。同时，由于二氧化碳的注入，孔隙压力增加，将极大增强煤层气的产出率，提高煤层气的回收率。驱替煤层气技术是一项有望大幅提高煤层气采收率、缩短开采周期、降低开采成本的新一代 CCUS 技术。驱替煤层气技术在国际上已经处于工业应用的初期水平，在中国处于技术示范的初期水平。

3. 二氧化碳增强地热系统

二氧化碳增强地热系统(Carbon Dioxide Enhanced Geothermal System, CO_2-EGS)，是将二氧化碳注入深部地热储层，并通过生产井回采以二氧化碳为工作介质的地热开采利用过程。CO_2-EGS 具备了传统以水为工作介质的增强地热系统所不具备的优势：超临界二氧化碳具有接近于水的密度但黏度更低，在相同的多孔介质条件下受到更小的流动阻力，具有更大的渗透系数；与水相比，二氧化碳的压缩系数和膨胀系数较高，容易维持更大的浮动力，循环泵的耗电量可显著降低；超临界相态二氧化碳不易将地层矿物质溶解，避免将大量水溶性盐运输到地表，不会产生设备结垢、污染浅层地下水等问题。CO_2-EGS 技术目前全球总体还处于研发测试阶段，中国也尚处于基础研究阶段，已启动了多个与 CO_2-EGS 相关的基础研究项目，工作主要集中在地热资源勘探与评价技术、CO_2-EGS 机理、流体与储热岩层的相互作用、换热机理及能量转换技术等方面。

4. 二氧化碳增强页岩气开采

二氧化碳增强页岩气开采(Carbon Dioxide Enhanced Shale Gas Recovery, CO_2-ESGR)，是指以超临界相态或液态二氧化碳代替水进行压裂，利用页岩吸附二氧化碳能力比甲烷强的特点，置换甲烷，从而提高页岩气产量和生产速率的过程。超临界相态二氧化碳可运用于页岩气开采的多个阶段。在储层改造阶段，超临界相态或液态二氧化碳可替代水力压裂对页岩储层进行压裂处理，提高储层渗透率，减小压裂耗水量并降低对储层的损害。在二次开采阶段，当页岩气井达到单井经济开采阈值，可通过注入二氧化碳，利用二氧化碳、甲烷间的竞争性吸附作用来促进甲烷的解吸，从而提高页岩气的采收率，同时封存可观的二氧化碳。

5. 二氧化碳强化天然气开采

二氧化碳强化天然气开采(Carbon Dioxide Enhanced Natural Gas Recovery, CO_2-EGR)，是指注入二氧化碳到即将枯竭的天然气藏底部恢复地层压力，将因自然衰竭而无法开采的残存天然气驱替出来从而提高采收率的过程。该技术可同时将二氧化碳封存于气藏地质结构中以实现二氧化碳减排。其基本原理是由于地层条件下二氧化碳处于超临界态，其密度和黏度远大于甲烷等气体，二氧化碳注入后运移至气藏底部，促使甲烷等向气藏顶部运移，从而实现二氧化碳对甲烷的驱替。CO_2-EGR 技术在美国(Rio Vista 项目)、荷兰(K12B 项目)和德国(CLEAN 项目)等国家开展了先导性试验项目，中国还处于理论研究和示范规划阶段。

6. 二氧化碳强化深部咸水开采

二氧化碳强化深部咸水开采(Carbon Dioxide Enhanced Water Recovery，CO_2-EWR)，是指将二氧化碳注入矿化度(TDS)>10g/L 的深部咸水层或卤水层，驱替地下深部的高附加值液体矿产资源(如锂盐、钾盐、溴素等)或深部水资源，同时实现二氧化碳长期封存的过程。

7. 二氧化碳铀矿地浸开采

二氧化碳铀矿地浸开采(Carbon Dioxide Enhanced Uranium Leaching，CO_2-EUL)，是指将二氧化碳与溶浸液注入砂岩型铀矿层，通过抽注平衡维持溶浸流体在铀矿床中运移，并与含铀矿物选择性溶解，在采出铀矿的同时实现二氧化碳封存的过程。CO_2-EUL 原理主要有两个方面：通过加入二氧化碳，调整和控制浸出液的碳酸盐浓度和酸度，促进砂岩铀矿床中铀矿物的配位溶解，提高铀的浸出率；二氧化碳的加入可避免以碳酸钙为主的化学沉淀物堵塞矿层，以及部分溶解铀矿床中的碳酸盐矿物，提高矿床的渗透性，提高铀矿开采的经济性。中国铀矿地浸开采已经实现商业应用，但不以二氧化碳封存为主要目的，主要应用于中国北方沉积盆地内，如鄂尔多斯、吐哈、松辽、塔里木盆地等。

四、二氧化碳封存

二氧化碳封存是指将大型排放源产生的二氧化碳捕集、压缩后运输到选定地点长期封存。国际能源署(IEA)预测，若实现全球 2070 年净零碳排放，CCUS 技术中封存二氧化碳占累计减排量的 15%。如今已发展出多种封存方式，如注入一定深度的地质构造(如咸水层、枯竭油气藏)、注入深海，或者通过工业流程将其凝固在无机碳酸盐之中。根据其封存方式的不同可大致分为以下三类：

1. 地质封存

地质封存是直接将二氧化碳注入地下的地质构造中，如油田、天然气储层、含盐地层和不可采煤层等。地质封存是最有发展潜力的一种二氧化碳封存方式。据估算，全球储量至少可以达到2000Gt。

2. 海洋封存

由于二氧化碳可溶解于水，通过水体与大气的自然交换作用。因此理论上海洋封存二氧化碳的潜力是无限的，但实际上封存量仍取决于海洋与大气的平衡状况。研究表明，二氧化碳注入越深，保留的数量和时间就越长。目前二氧化碳的海洋封存主要有两种方案：一种是通过船或管道将二氧化碳输送到封存地点，并注入1000m以上深度的海水中，使其自然溶解；另一种是将二氧化碳注入3000m以上深度的海洋，由于液态二氧化碳的密度大于海水，因此会在海底形成固态的二氧化碳水化物或液态的二氧化碳，从而大大延缓了二氧化碳分解到环境中的过程。

3. 矿石碳化

矿石碳化是利用二氧化碳与金属氧化物发生反应生成稳定的碳酸盐从而将二氧化碳永久性地固化起来。这些物质包括碱金属氧化物和碱土金属氧化物，如氧化镁和氧化钙等，一般存在于天然形成的硅酸盐岩中，如蛇纹岩和橄榄石。这些物质与二氧化碳化学反应，产生碳酸镁和碳酸钙。由于自然反应过程比较缓慢，因此需要对矿物做增强性预处理，但这极其耗能，据推测，采用这种方式封存二氧化碳的发电厂要多消耗60%~180%的能源，并且由于受到技术上可开采的硅酸盐储量的限制，矿石碳化封存二氧化碳的潜力可能并不乐观。

第四节　碳捕集、利用与封存政策发展前景

为有效实现二氧化碳减排，特别是在未来产业化发展过程中，各国结合自身国情针对CCUS技术已制定多项相关政策法规，旨在加速推动碳捕集、利用与封存。

一、碳捕集、利用与封存国外政策前景

碳捕集、利用与封存政策法规文件包括法规、标准、指南、最佳实践、权威报告等。当前可见报道的相关文件为178件，涉及二氧化碳捕集、运输、地质利用和封存全流程，主要来自美国、澳大利亚、英国、挪威、加拿大以及欧盟等国家和组织。

欧盟已发布两项欧盟指令，推动欧洲CCUS的发展。2008年，欧盟发布指令Directive 2008/1/EC，规定了CCS在综合污染预防和控制机制中的地位；2009年，欧盟发布指令Directive 2009/31/EC，明确了CCUS的风险管理，提出了表征监测、转移责任、金融安全和机制。

美国联邦已制定法规13项，涉及地质封存中二氧化碳管道运输、二氧化碳注入、二氧化碳封存设施、财政激励等。美国25个州总共制定了93个CCUS法规。虽然美国州层面的法规涉及全流程和捕集较多，但多为电厂批准、煤电厂捕集二氧化碳的税收减免、资助奖励等内容，并没有真正涉及全流程技术。

英国已制定法规4项，其中1项为全流程法规，3项为封存法规。封存方面，英国法规已明确CCUS封存许可证的法律框架和二氧化碳封存许可证要求，并规定了二氧化碳封存基础设施使用条例，对CCUS技术示范、评估等部署也作出了明确规定。

国际能源署(IEA)、保护东北大西洋海洋环境公约(OSPAR Convention)等国际组织已发布技术规范，推动CCUS技术的发展。这些技术规范涉及领域广泛，包含全流程、捕集、运输、封存等阶段。IEA、世界资源研究所(WRI)等国际组织较为关注CCUS全流程，发布的指南较多。美国技术规范较多，覆盖CCUS技术领域较广，涉及全流程或其中捕集、封存等阶段。美国国家能源技术实验室(NETL)、美国环境保护署(EPA)是美国发布CCUS技术规范的主要机构。美国地质调查局(USGS)也发布了相关CCUS技术规范。欧盟针对指令Directive 2009/31/EC，发布了对应的指导文件。英国地质调查局(BGS)已发布了咸水层封存的最佳实践，英国能源研究所(Energy Institute)已发布捕集、运输阶段的设计和运营指南。

二、碳捕集、利用与封存国内政策前景

2020 年 9 月 22 日，第七十五届联合国大会上，中国宣布力争 2030 年前二氧化碳排放达到峰值，努力争取 2060 年前实现碳中和目标，碳达峰与碳中和简称“双碳”。2021 年 10 月 26 日，国务院印发《2030 年前碳达峰行动方案》。截至 2022 年 9 月，碳排放配额累计成交量 1.94×10^{8}t，累计成交金额 84.92 亿元。

随着“双碳”目标的提出和碳减排工作的不断推进，中国 CCUS 技术已进入快速发展时期。目前我国正从能耗“双控”向碳排放总量和强度“双控”转变，在这样的大背景下，开展二氧化碳捕集、运输、利用与地质封存全流程重大技术创新，开展大规模产业化 CCUS 技术示范应用，可为碳减排目标的实现提供重要支撑，对服务国家战略和经济社会绿色发展意义重大。

中国有序推进 CCUS 技术的研发与应用，主要体现在研发战略与发展、示范的支持、交流合作三个方面。

1. CCUS 研发战略与发展方向

2011 年，《中国碳捕集、利用与封存（CCUS）技术发展路线图研究》初步确定 CCUS 的技术定位、发展目标和研发策略，对“十二五”期间 CCUS 的研发部署起到了很大的推动作用。2013 年，《“十二五”国家碳捕集利用与封存科技发展专项规划》部署了 CCUS 技术研发与示范；2016 年，《“十三五”国家科技创新规划》指明了 CCUS 技术的研发方向。

近年来，随着国内外环境不断变化，我国对 CCUS 的认识不断深化，国内 CCUS 技术发展迅速，多种新技术涌现。同时，国内社会经济发展方式的转变对 CCUS 定位提出了新的要求。2019 年，《中国碳捕集利用与封存技术发展路线图（2019）》在 2011 版的基础上重新对技术认知、发展目标、机会建议进行了系统梳理和分析，进一步明确了我国 CCUS 技术至 2030 年、2035 年、2040 年及 2050 年的阶段性目标和总体发展愿景。

2021 年，CCUS 技术首次被写入中国经济社会发展纲领性文件《中华人民共和国国民经济和社会发展第十四个五年规划和 2035 年远景目标纲要》。随后，《中共中央 国务院关于完整准确全面贯彻新发展理念

做好碳达峰碳中和工作的意见》《2030 年前碳达峰行动方案》，以及各部委和地方政府出台的碳达峰碳中和相关政策文件，均对 CCUS 技术研发、标准和融资等方面做出了积极部署。

2. CCUS 技术研发与示范支持

国家通过"973 计划""863 计划"和科技支撑计划，围绕二氧化碳捕集、利用与地质封存等相关的基础研究、技术研发与示范进行了较系统的部署。"十三五"期间国家重点研发计划以及准备部署启动的面向 2030 年的重大工程计划也将 CCUS 技术研发与示范列为重要内容。技术标准、投融资等方面的相关政策也在重点支持 CCUS 技术研发与示范，《国家标准化发展纲要》《科技支撑碳达峰碳中和实施方案》《关于加快建立统一规范的碳排放统计核算体系实施方案》均提出完善和推动 CCUS 技术标准体系和相关研究工作；《气候投融资试点方案》《绿色债券支持项目目录(2021 年版)》等投融资政策均包含了 CCUS 相关技术。

与此同时，CCUS 技术逐步从电力、油气等行业扩展至难减排工业行业，《高耗能行业重点领域节能降碳改造升级实施指南(2022 年版)》《工业领域碳达峰实施方案》《减污降碳协同增效实施方案》等均对钢铁、水泥等难减排工业行业提出了 CCUS 技术应用目标。各级地方政府加强对 CCUS 技术发展支持，截至 2022 年底，已有十余个省、自治区、直辖市发布了碳达峰碳中和相关意见或工作方案，结合区域特点从不同角度对 CCUS 技术研发与推广进行了部署。

3. CCUS 能力建设和国际交流合作

成立了中国 CCUS 产业技术创新战略联盟，加强国内 CCUS 技术研发与示范平台建设，推动产学研合作；与国际能源署(IEA)、碳收集领导人论坛(CSLF)等国际组织开展了广泛合作，与欧盟、美国、澳大利亚、加拿大和意大利等国家和地区围绕 CCUS 开展了多层次的双边科技合作等。

为统一全球实施 CCUS 技术，2011 年在加拿大向国际标准化组织(ISO)的提议下，成立了二氧化碳捕集与封存技术委员会(ISO/TC 265)，由加拿大标准理事会承担秘书处，后经中国标准化研究院与加方沟通并获得 ISO 技术管理局批准，同意设立联合秘书处，由中国和加

拿大双方共同承担。该委员会致力于二氧化碳捕集、运输、封存、量化与验证、CCUS 交叉问题领域的国际标准制定。

我国已经出版了相关的系列技术报告。如 ISO/TR 27912：2016《二氧化碳捕获——二氧化碳捕获 技术和过程》涉及二氧化碳捕集系统（包括一般介绍、捕集系统分类、系统边界）、电厂的燃烧后捕集、电厂的燃烧前捕集、富氧燃烧捕集、水泥厂的捕集、钢铁厂的捕集、天然气生产中的捕集等。ISO 27913：2016《二氧化碳捕获、运输和地质封存 管道运输系统》对二氧化碳管道运输系统范围、定义、性质、气流、开发和设计准则、材料和管道设计、建设、操作及现有管道资格审查进行了说明。

第二章

碳捕集、利用与封存工业化历程

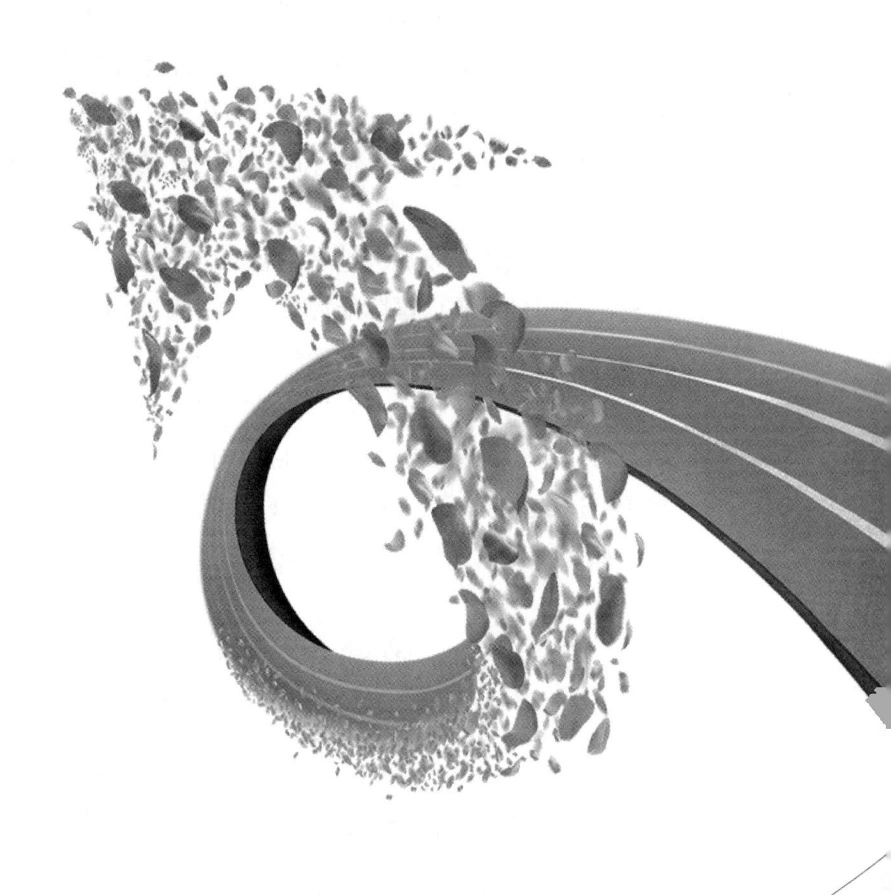

第一节　碳捕集、利用与封存发展历程

早在CCS技术或CCUS技术出现之前，相关二氧化碳利用技术，例如二氧化碳驱提高石油采收率（CO_2-EOR）技术，已经得到重视和广泛应用。20世纪中叶，美国大西洋炼油公司（The Atlantic Refining Company）发现其制氢工艺过程产生的副产品二氧化碳可改善原油流动性，Whorton等于1952年获得了世界首个二氧化碳驱油专利。这是二氧化碳驱油技术较早的开端，也是CCUS技术的初始。1958年，Shell公司率先在美国二叠系储层成功实施了二氧化碳驱油试验。1972年Chevron公司的前身加利福尼亚标准石油公司在美国得克萨斯州Kelly-Snyder油田SA-CROC区块投产了世界首个二氧化碳驱油商业项目，初期平均提高单井产量约3倍。该项目的成功标志着二氧化碳驱油技术走向成熟。

随着科技进步发展，越来越多的二氧化碳利用和封存的新型绿色低碳科学技术的出现，国际能源署（IEA）认为CCUS技术在促进能源清洁利用方面具有重要作用，对油气、燃煤发电、煤化工等行业的优化发展能起到明显的推进作用，对世界能源供给也具有战略意义。此后我国又结合自身国情，在CCS示范项目原有的三个环节的基础上增加了二氧化碳利用的环节。CCUS在中国的应用和发展，促使与其相关的各种研究，如捕集技术优化、项目环境监测、风险评估等也随之开展。

第二节　碳捕集、利用与封存先导项目

一、国外先导项目

1. 加拿大Weyburn项目

Weyburn项目是位于加拿大萨斯喀彻温省的CO_2-EOR项目。该项

目是目前世界上仍在运行的最成功的 CCUS 工程。其二氧化碳源为美国北达科他州的 Great Plains Synfuels 煤制工厂，纯度很高(96%)，大大降低了二氧化碳捕集成本，同时利用管道输送至加拿大 Weyburn 油田和 Midale 油田以提高石油采收率。该项目于 2000 年启动，输送二氧化碳的管道长度为 329km，平均封存深度 1500m。截至 2012 年，已有 3000×10^4t 的二氧化碳注入 Weyburn 油田和 Midale 油田中(其中 2000×10^4t 预计将在油田开采完成后长期封存在油田中)。2011 年，在考虑原油采收率的增加对成本的抵偿后，其项目成本仅为 20 美元/吨二氧化碳。该项目每天可使 Weyburn 油田增产 16000~28000 桶(1 吨≈7 桶)原油，使 Midale 油田增产 2300~5800 桶原油，预计将使两个油田总共增产 1.3 亿桶原油，延长 Weyburn 油田开采期 25 年。

在 Weyburn 项目环境风险评估中，主要针对二氧化碳的长期行为和泄漏风险，采用基于 FEPs(Feature，Event and Process)的方法框架进行评估。Weyburn 项目风险分析表明，二氧化碳在地层之间的运移和从地层泄漏至生物圈的最可能路径是沿井筒运移。二氧化碳可能从初始地层迁移并在储层上方的含水层逐步溶解。基于蒙特卡罗模拟方法，经过 5000 年，二氧化碳释放到生物圈的平均释放量将是二氧化碳在 Weyburn 储层初始量的 0.2%~5.34%，这些释放的二氧化碳将迁移至上部和下部的含水层。98.7%的注入二氧化碳有 95%的概率保存在岩石圈 5000 年。因此，必须对驱油场地里泄漏可能性比较高的井筒进行监测。

2. 美国 Decatur 项目

二氧化碳封存项目是由美国中西部地质封存联盟、美国 Archer Daniels 公司、斯伦贝谢公司共同牵头的二氧化碳封存工业示范项目。该项目向位于美国伊利诺伊州 Decatur 镇地下的 Mt Simon 砂岩储层共注入了 100×10^4t 的二氧化碳。二氧化碳的来源是 Archer Daniels 公司的发酵制乙醇工厂。该项目设施包括二氧化碳压缩及脱水设施、二氧化碳输运管道、1 个二氧化碳注入井、1 个深部监测井、1 个地球物理信号采集井，全部设施均由 Archer Daniels 公司和斯伦贝谢公司建设及维护。该项目的目标是验证 Mt Simon 砂岩储层具有足够大的二氧化碳储量，二氧化碳注入速率不会随注入量增加而显著衰减，且注入的二氧化碳不会从储层逸出。

在环境风险评估和监测方面，该项目在注入二氧化碳前就进行了二氧化碳运移的大尺度数值模拟，明确了可能对环境造成影响的区域。该项目建立了完备的地下和地表监测、信号二次确认和分析系统，制定了周期性取样和信号采集方案(包括水样采集、钻孔取心、钻孔测井、地球物理测量信号收集等)。通过把样品分析及信号采集结果与先进的3D微震监测及地质地图技术相结合，获得了翔实的支撑大尺度数值模拟的储层地质数据。

3. 德国CLEAN项目

CLEAN(CO_2 Large scale EGR in the Altmark Natural-gas field)项目是位于德国北部盆地的CO_2-EGR工程。该天然气田面积约为1400km^2，从1968年开始产气，1987年开始由于地层压力下降，产气量开始减少。二氧化碳来自周围褐煤电厂富氧燃烧捕集方式，封存深度为3000m。数值模拟显示，二氧化碳的适用注入速率为8kg/s，每年可封存2700×10^4t二氧化碳。二氧化碳注入使气田储层压力增加，驱替甲烷向开采井方向迁移。对于较高渗透性的层位，产出的二氧化碳含量在4.7年时为1%，8.1年时为50%。CLEAN项目基于模拟和案例研究来评估二氧化碳封存的长期和短期泄漏对人类和环境安全的影响，同时开展了广范围的二氧化碳封存安全性研究，主要包括井筒完整性、地质过程评估、储盖层模拟、环境及过程监测等。

二、国内先导项目

1. 华东油气田二氧化碳驱先导项目

华东油气田经过近40年矿场实践，从早期吞吐转向驱替，油藏类型从低渗混相驱向双高单元非混相驱，二氧化碳驱油技术逐步发展与完善，经历了四个阶段。

第一阶段(1984—1986年)：开展二氧化碳提纯、工业利用及二氧化碳基础研究，起草国家标准《食品添加剂 液体二氧化碳》。

第二阶段(1987—2004年)：主要开展单井吞吐、“双高”油藏注气试验。三类油藏中实施12井次单井吞吐，累增油10724t，平均换油率2.4t oil/t CO_2，储家楼高含水油藏驱替试验亦取得成功。

第三阶段(2005—2013年)：开展草舍泰州组低渗油藏混相驱重大

先导试验，累注入二氧化碳 31. 3×10^4t，累增油 12. 8×10^4t，在水驱基础上阶段提高采收率 13. 2%，换油率 0. 4t oil/t CO_2，建成中国石化首个驱油回收利用一体化的 CCUS 示范基地。

第四阶段：2013 年后 CCUS 扩大推广期，形成渗透油藏同步驱、气顶驱、气水交替、稠油-致密油藏二氧化碳复合吞吐、异步吞吐、中高渗高含水油二氧化碳复合混相驱、非混相复合驱等一系列技术。

（1）开发先导效果评价

泰州采油厂是国内率先开展二氧化碳驱矿场应用的单位之一，2005 年在江苏省东台市草舍村草舍泰州组油藏实施了二氧化碳驱重大开发先导试验，采用“先期注、大段塞、全跟踪、调剖面”的思路，一次注气建成 6 注 14 采井网，阶段提高采出程度 8. 83%，增油效果显著。遵循“大段塞水气交替”思路，2013—2017 年转注水开发，2017 年结合井网调整实施二次注气，部署 5 注 16 采注气井网，阶段提高采程度 6. 86%，有效封存率 85%以上，建成了中国石化首个二氧化碳驱绿色低碳综合利用示范基地，荣获中国石化科技进步奖二等奖，成果被国家“863 计划”收录。截至 2022 年底，累计注入 31. 3×10^4t，增油 12. 8×10^4t，提高采收率 13. 2%。

（2）二氧化碳驱开发技术

形成一批二氧化碳驱开发技术。先后攻克气水交替驱、草中分层注气、二氧化碳+化学剂复合驱、井控安全等开发技术。建成国内首个 CCUS 全流程示范工程，形成物模数模实验、方案调整设计等十项 CCUS 关键技术与系统理论，具备实现零排放和有效驱油封存的配套技术。承担 16 项省部级研发课题，编写 2 本专著、6 个标准、23 项专利、62 篇论文。

（3）配套装备

在草舍建成集二氧化碳驱油压注和穿透气集中回收处理功能的中转站 1 座，站区总库容 7400m^3，日处理能力 1200m^3，集油气集输、处理、储存外销、供热、二氧化碳压注回收等功能于一体。建成红庄二氧化碳净化站 1 座，其是中国石化第一座用于二氧化碳驱油的净化处理站，设计年处理能力 7×10^4t。2014 年建成红庄净化站至台兴 19km 高压输送管网，设计压力 35MPa，输送量 180t/d，属于高压密相输送管线。

2018年在固定式穿透气回收工艺的基础上，采用低温提馏技术建成橇装式回收装置，实现区域和边远井组二氧化碳驱油全流程循环利用，二氧化碳封存率达到了100%，该装置驱油穿透气年回收能力6000t。通过以上装备，形成“注入-回收-处理-再注入”的CCUS绿色循环开发模式。

（4）安全运行与保障

安全运行方面分为井筒和地面运行，井口装置根据GB/T 22513—2013《石油天然气工业 钻井和采油设备 井口装置和采油树》要求，选择KQ65/35型EE级井口装置，连接方式采用“变径法兰+BT密封”。注气管柱：油管选用27/8气密封特殊螺纹油管，选择N80、低合金3Cr油管。为保证注气管柱长效性，保证气密封性能，选用了气密封防腐油管，应用了气密封检测技术，采用新型Y445封隔器，通过液压+加载的坐封方式确保胶筒密封性，工作温度和压差大幅提高，保证注入气不会窜至油套管环空。对于含水大于30%的油井，采取3Cr油管材质防腐和二氧化碳缓蚀剂防腐工艺。地面加强线上流程监测，及时跟踪压力、温度的变化。

安全保障方面通过引入防返吐注气阀、注气对应采油井加装光杆防喷器等措施，保证注采井井控安全。针对二氧化碳运输、注入、采出过程中可能产生的泄漏、井控等风险制定相应应急处置方案。每年定期开展二氧化碳泄漏以及井控等应急演练，不断提升应急抢险能力，更加快速有效地应对各种突发事故。

2. 延长石油煤化工二氧化碳捕集与驱油项目

陕西延长石油集团榆林煤化公司30×10^4t/a二氧化碳捕集装置项目依托煤制甲醇装置，以及设施生产的高纯度二氧化碳气体为原料，经压缩、冷凝液化生产纯度达到99.6%的液体二氧化碳产品。所捕集的二氧化碳全部用于延长石油下属油田的二氧化碳驱油和地质封存，实现了制造业与采掘业协同耦合发展，每年可减少二氧化碳排放30×10^4t。陕西延长石油集团榆林煤化公司30×10^4t/a二氧化碳项目捕集能耗1.36GJ/t，捕集成本仅为105元/t，目前为国内成本最低，对我国促进CCUS技术规模化、商业化应用具有重大意义。

第三节 碳捕集、利用与封存工业化项目

一、国外工业化项目

CCUS 作为一项综合性技术，欧洲主要以海上碳捕集与封存(CCS)项目为主，北美以 CO_2-EOR 为代表的 CCUS 技术已经较为成熟。

加拿大塞诺佛斯公司的韦伯恩-米戴尔 CCUS 项目从美国北达科他州的煤炭气化和煤电厂捕集，用于其在韦伯恩油田的 EOR 项目(注入量 6500t/d)，以及阿帕奇公司的米戴尔油田 EOR(1200t/d)，该项目于 2000 年 10 月启动，投资 8000 万美元，美加政府共提供约 520 万美元，每年注入 300×10^4t，已累计注入 3000×10^4t。

美国 OXY 公司的龙舌兰 CCUS 项目是该国目前捕集规模最大的 CCUS 项目，于 2010 年启动。2010 年投产的 1 号生产线年捕集 500×10^4t 二氧化碳，2012 年投产的 2 号生产线将年捕集能力增加到 840×10^4t 二氧化碳，通过管线输往位于得州西部二氧化碳管网中枢，再进入 OXY 在二叠盆地的众多 EOR 油田。

二、国内工业化项目

“齐鲁石化-胜利油田”百万吨级示范工程为国内首个 CCUS 工业化项目。示范工程部署在正理庄油田高 89-樊 142 地区，年注气能力 70×10^4t。示范工程主要以复杂断裂系统下地质安全驱油封存、二氧化碳气水交替高压混相驱、驱油封存协同等技术示范为主，为目前国内最大的 CCUS 全链条示范基地、“碳达峰、碳中和”标杆工程基地。

因胜利油田二氧化碳驱的油藏，具有渗透率低、轻烃含量低、原油密度高、原油黏度高、陆相沉积、非均质性强等特点，CCUS 技术无法照搬国外成熟经验。自 1967 年开始二氧化碳驱油室内研究以来，胜利油田在发展和应用二氧化碳驱油技术时考虑了国情和油藏特点，通过持续深化机理研究和矿场试验，攻关形成了具有胜利特色的二氧化碳驱油与封存配套技术，具备 CCUS 规模化应用的条件。同时，胜利油田周边

二氧化碳气源资源较为丰富，以煤化工尾气、电厂烟气等为主，二氧化碳生产能力可达 522×10^4t/a，具备实施 CCUS 的基础。

1. 区块位置及油藏情况

齐鲁石化-胜利油田 CCUS 项目包括滩坝砂和浊积岩两种油藏类型，其中滩坝砂油藏高 89-樊 142 区块位于正理庄油田，浊积岩油藏樊 128 区块位于大芦湖油田，位于山东省高青县境内。

2. 区块开发历程及现状

高 89-樊 142 地区高 89 井于 2004 年先期投入试采，由于特低渗透滩坝砂注水难度大，根据“大井距压裂投产，弹性开发，提高特低渗透滩坝砂油藏储量动用率”的开发原则，各区块陆续投入弹性开发。

2004—2007 年是主要新井投产期，高 891-樊 143、樊 142、高 891-5、高 899、樊 142-5、高 892 等区块相继投入开发。2008 年在高 89-1 区块开辟先导试验区试注二氧化碳，油气井陆续投产投注。2012 年通过转注油井在高 89-1 区块实现比较完善的五点法注采井网。2013 年优选两个井组开始试注二氧化碳，2017 年高 899 区块开始试注二氧化碳。2020 年高 89-1 区块注水，开始进行气水交替注入。

3. 项目主体工程

（1）二氧化碳捕集

齐鲁石化煤制气装置在生产过程中产生大量高含二氧化碳的尾气，根据项目可行性研究报告，该气体将通过液化精馏工艺成为液态二氧化碳，通过清洁能源汽车，拉运至胜利油田高 89-樊 142 块进行驱油及封存。该工程液态二氧化碳生产能力为 70×10^4t/a。本工程注入所用液态二氧化碳均来自齐鲁石化液化分离装置。

（2）运输与输送

① 公路运输

齐鲁石化二氧化碳捕集工程现场设计液态二氧化碳储罐 2 个（每个 $4000m^3$），设计灌装口 14 个，每个灌装口排量为 $30m^3/h$，充装时间为白天（大约 10h），可同时灌装 14 台罐车。鉴于运输成本考虑，采用全程普通公路和少量高速公路两种路线，均满足车辆每天往返 2 趟运输要求。全程普通公路单程约 2. 7h，平均运距 90km；少量高速公路单程约 2. 3h，平均运距 84km。

② 管道输送

长输管道起自淄博市临淄区齐鲁第二化肥厂内的齐鲁石化首站，终点为胜利油田高 89-樊 142 地区各注入区块。采用高压常温输送工艺，设计压力 12MPa，设计温度 5~20℃，设计输送量 100×10^4t/a，线路全长 114.5km。其中输送干线长 80km、管径 *DN*300mm，起点为齐鲁石化首站，终点为高青末站；支线总长 34.5km、管径 *DN*80~150mm，起点为高青末站，终点为 15 座注气站。管道沿线站场 2 座(齐鲁石化首站、高青末站)、阀室 5 座(均为监控阀室)。

(3) 驱油利用

建设 15 座注气站，根据开发方案，注气井实施气水交替注入，设计最大注气量为 70×10^4t/a，井口最大注入压力为 38.9MPa。

① 注气部分

本项目年注气规模 70×10^4t，采用分散建站模式，共建设 15 座注气站，注气设备全部采用橇装化设备，单站注气规模为 90~480t/d，单井注气量为 34~60t/d，井口注气压力为 30~39MPa。

② 注水部分

注水设施与注气设施合建于 15 座注气站内，注水设备全部采用橇装化设计，单站注水规模为 40~240m^3/d，单井注水量为 38~52t/d，井口注水压力为 31~40MPa。

③ 单井注入管道

本工程由注气站铺设单井管道至各注气井进行注气、注水，单井注入管道长度共计 72.4km，穿越灌溉渠 11 处，采用定向钻穿越，穿越长度 3010m；穿越林地 3 处，乡道、县道 22 处，林地采用定向钻穿越，乡道、县道采用顶管、定向钻方式穿越。

(4) 集中处理回注

本工程生产的伴生气中二氧化碳含量较高，选取高 89-樊 142 地区西南侧的正南地区进行伴生气回注。伴生气处理站接收管网输送来的高含碳伴生气，经脱水和初步增压后，由注气压缩机回注地层。

(5) 安全环保监测

高 89-樊 142 地区二氧化碳驱油与封存示范工程安全环保监测主要

分为井筒完整性监测、深层地下监测和地表(含浅层)及大气监测等。井筒完整性监测主要监测井下管柱及附件完整性；深层地下监测对象为深层监测井取样的地下水体；地表(含浅层)及大气监测必须监测的项目为浅层水、浅层和地表土壤气、大气，选测项目为植被、地面变形等。

① 井筒完整性监测

对注气井及废弃井进行完整性监测，以确保注气工程的安全、稳定运行，防止泄漏事故的发生。主要监测井下管柱及附件完整性；井下作业完整性；井口系统完整性。注入前注气井及废弃井进行1次完整性检查，注入期注气井每年抽检10%。

② 深层地下监测

深层地下监测的目标是直覆盖层和上覆盖层之间地层、断层与上覆盖层点交接处，深度约2200m，通过对监测层流体的温度、压力，深层水体[pH值、总矿化度(TDS)、氧化还原电位、碳13稳定同位素]物理性质，分析判断目标层的二氧化碳泄漏情况，为监测区二氧化碳封存安全评估和封堵决策提供依据。

③ 浅层土壤气及浅层水监测

地下流体保真取样仪基于U形管原理和气体推动式地下水采样技术，在地下250m处断层上方，每条断层上浅层布1点，监测不同层位浅层水pH值、总矿化度(TDS)、氧化还原电位、碳13稳定同位素，土壤气二氧化碳浓度、碳13稳定同位素，背景值为1次/月，注气期为1次/月。

④ 地表土壤气监测

通过EGM-4土壤呼吸测量仪、同位素分析仪监测一定时间内地表土壤中二氧化碳通量、二氧化碳浓度及碳13同位素，背景值为1次/月，注气期为1次/季。

⑤ 大气监测

大气监测点布置分为核心区布点和对比区布点，核心区监测范围覆盖注气井及注气站共设置12点(每点为直径3km圆形区域)；对比区考虑在上风向布置2点、下风向布置4点，监测大气二氧化碳浓度、二氧化碳通量(计算)、风速、风向。核心区在线持续监测，对比区为 1 月/次(背景期、注气期)，见图 2-1。

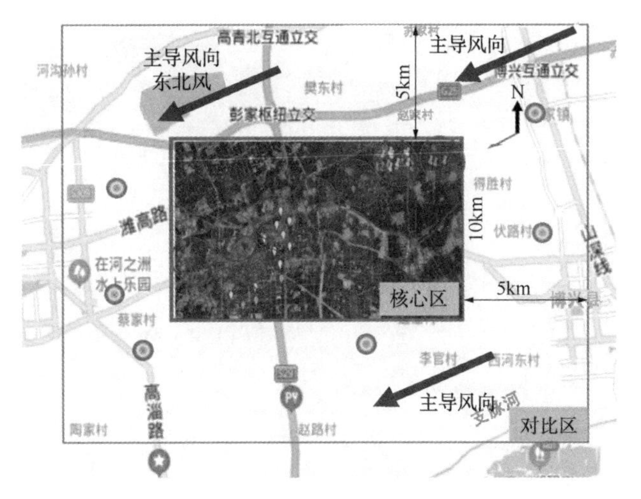

图 2-1　大气监测布点位置

第三章

碳捕集、利用与封存风险识别

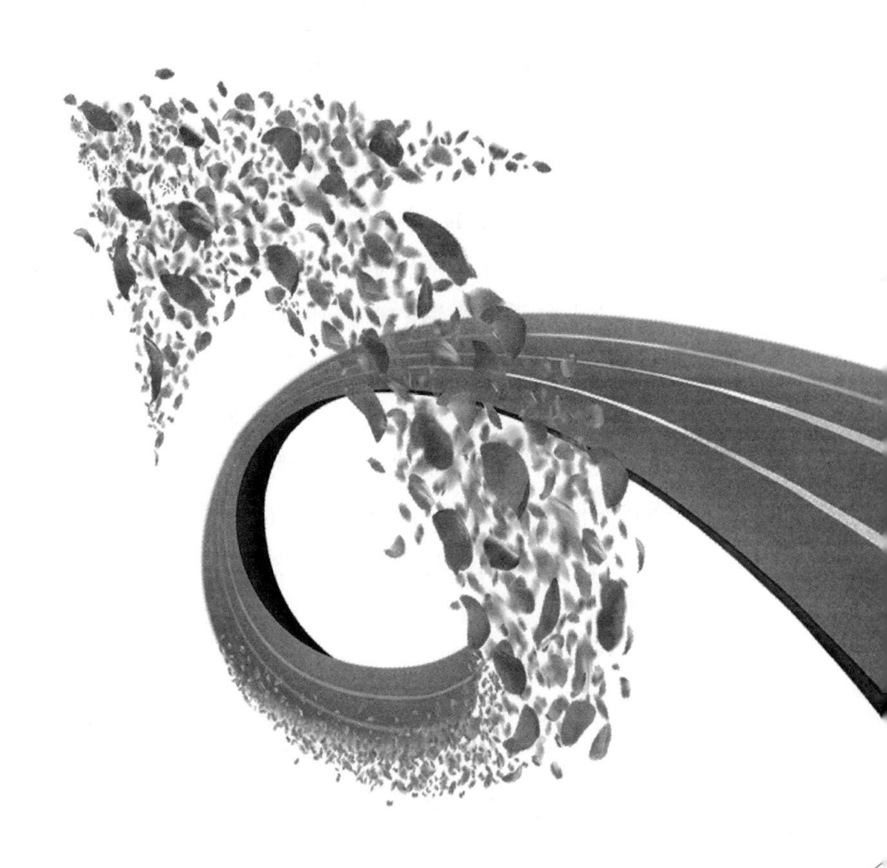

第一节　碳捕集、利用与封存风险分析

一、主要危险物质风险分析

石油石化行业 CCUS 业务运行过程中涉及的主要介质为原油、天然气、二氧化碳等。

1. 原油危险性分析

原油是由各种烃类组成的一种复杂混合物，含有少量硫、氮、氧组成的有机物及微量金属。外观是一种流动和半流动的黏稠液体，颜色大部分是暗色的，从褐色至深黑色。

（1）易燃、易爆性

原油的闪点低、挥发性强，在空气中只要有很小的点燃能量，就会闪燃。原油蒸气和空气混合后，可形成爆炸性混合气体，遇火即发生爆炸。原油的爆炸范围较宽，爆炸下限浓度值较低，爆炸危险性较大。因此，应十分重视原油的泄漏和爆炸性蒸气的产生与积聚，以防止爆炸事故的发生。

原油蒸气密度比空气密度大，能在较低处扩散到相当远的地方，遇火源会着火回燃。原油在着火燃烧的过程中，空气中的油气浓度随着燃烧状况而不断变化。因此，原油的燃烧和爆炸也往往是相互转化、交替进行的。原油燃烧时，释放出大量的热量，使火场周围温度升高，易造成火灾的蔓延和扩大。

（2）毒性

原油及其蒸气具有一定的毒性，特别是含硫原油的毒性更大。油气若经口、鼻进入呼吸系统，能使人体器官受害而产生急性和慢性中毒。当空气中油气含量达到 0. 28%时，经过 12～14min，人便会感到头晕；含量达 1. 13%～2. 22%时，便会发生急性中毒，使人难以支持；当油气含量更高时，会使人立即昏倒，丧失知觉。

油气慢性中毒的结果会使人患慢性病，产生头昏、疲倦、嗜睡等症状。若皮肤经常与原油接触，会产生脱脂、干燥、裂口、皮炎和局部神经麻木。原油落入口腔、眼睛时，会使黏膜萎缩，有时会出血。

（3）静电荷积聚性

原油的电阻率较高，在输转、储运过程中，当沿管道流动与管壁摩擦，在运输过程中与罐壁冲击，或泵送时，都会产生静电，且不易消除。

静电的危害主要是静电放电。如果静电放电产生的电火花能量达到或大于油气的最小点火能且油气浓度处在燃烧、爆炸极限范围内时，就会立即引起火灾、爆炸事故的发生。

（4）热膨胀性

原油受热后，温度升高，体积膨胀，如果储存容器遭受暴晒或靠近高温热源，容器内的原油受热膨胀会造成容器内压增大而膨胀。当对储油容器内灌入的热油进行冷却或排油速度太快而超过呼吸阀能力时，又会造成容器承受大气压的外压作用(负压)。这种热胀冷缩作用往往损坏容器，造成原油泄漏。

另外，在着火现场附近，容器内原油受到火焰辐射高热时，若不及时冷却，可能因膨胀爆裂增加火势，扩大灾害范围。

（5）低温凝结性

原油凝点较低，当温度低于凝点时，其将凝固在管道内，介质变为固体状态，造成管线堵塞。凝管可导致集输管线憋压，严重的将在法兰接口、阀门垫片处憋漏，甚至将管线憋爆，造成原油泄漏，进而有产生火灾、爆炸事故的可能。

（6）易沸溢性

含有水分的原油着火燃烧时，可能产生沸腾突溢，向容器外喷溅，在空中形成火柱，扩大灾情。形成沸腾突溢的主要原因是热辐射作用、热波作用与水蒸气作用。因此，严格控制储运油品的含水量十分重要。

（7）易扩散、流淌性

除高黏、高蜡、高凝原油外，原油的黏度一般较小，泄漏后易流淌扩散。随着流淌面积的扩大，油品蒸发速度加快，油蒸气与空气混合后，遇点火源，极易发生火灾、爆炸事故。

2. 天然气危险性分析

天然气是一种混合气体，爆炸极限：5%～15%（体积），自燃温度：482～632℃。天然气与空气混合可形成爆炸性混合物，遇明火极易燃烧爆炸。天然气如果出现泄漏，能无限制地扩散，易与空气形成爆炸性混合物，而且能顺风飘动，形成着火爆炸和蔓延扩散的重要条件，遇明火能够回燃。

（1）易燃、易爆性

天然气的主要成分是甲烷，极易燃烧。天然气的爆炸极限较宽，爆炸下限较低，泄漏到空气中能形成爆炸性混合物，遇明火、高热极易燃烧爆炸，燃烧分解产物为一氧化碳、二氧化碳。天然气与空气混合时其体积占总体积的15%以上时着火正常燃烧，若占5%～15%时点火即燃爆。天然气的燃烧与爆炸是同一个序列的化学过程，但是在反应强度上爆炸比燃烧更为剧烈。天然气的爆炸是在一瞬间（数千分之一秒）产生高压、高温（2000～3000℃）的燃烧过程，爆炸波速可达3000m/s，具有很大破坏力。

（2）易扩散性

天然气的密度比空气小，泄漏后不易留在低洼处，有较好的扩散性。

（3）毒性

天然气侵入人体途径主要是吸入，大量泄漏或雾天积聚等原因导致浓度过高时，使空气中氧含量明显降低，可致人窒息。当空气中甲烷含量达25%～30%时，可引起头痛、头晕、乏力、注意力不集中、呼吸和心跳加速。若不及时脱离，可致窒息死亡。

3. 二氧化碳危险性分析

二氧化碳在通常状态下是一种无色、无味的气体，能溶于水，二氧化碳密度比空气大，在标准状况下密度为1.98g/L，约是空气的1.53倍。二氧化碳无毒，但不能供给呼吸，是一种窒息性气体。

（1）窒息

二氧化碳在空气中正常含量为0.03%～0.04%，当二氧化碳的浓度达1%会使人感到气闷、头昏、心悸，达到4%～5%时人会感到气喘、头痛、眩晕，而达到10%的时候，会使人体机能严重混乱，使人丧失知觉、神志不清、呼吸停止而死亡。

（2）冻伤

固态(干冰)和液态二氧化碳在常压下迅速气化，能造成 - 80 ~ - 43℃低温，引起皮肤和眼睛严重的冻伤。

（3）腐蚀

二氧化碳与水接触生成碳酸氢根、碳酸根，会使钢铁产生电化学腐蚀。二氧化碳腐蚀属于氢去极化腐蚀，往往比相同 pH 值的强酸腐蚀更严重。

二、生产过程风险分析

1. 捕集

（1）火灾和爆炸

根据现行国家标准 GB 50183—2004《石油天然气工程设计防火规范》，复合胺溶液火灾危险类别为丙$_A$类，防爆等级ⅡAT3。

二氧化碳捕集塔、槽等静设备内实现吸收、净化、分离的操作或工艺，主反应和副反应都无剧烈的放热反应。工艺过程中所用二氧化碳吸收剂溶液组成含有复合胺。引发复合胺火灾和爆炸事故的点火源主要是明火和高热。在乙醇胺(复合胺原料)储存地点有火灾和爆炸事故发生的可能性。

设备设施安装、检修过程中焊接、切割等动火作业是较为常见的作业。若违章动火，或防护措施不力，易引发火灾和爆炸事故。此外，高热、静电放电、电火花和电弧、雷击也是火灾事故发生的起因。电气设备老化存在漏电和安装不当现象等可致电气设备发生火灾。

（2）物理爆炸

现场涉及多台换热器、过滤器、液态器、制冷设备等承压设备。上述生产设备承受各种静、动载荷，还有附加的温度载荷，若容器破裂，导致介质突然泄压膨胀，瞬间释放出来的破坏能量较大，加上压力容器多数系焊接制造，容易产生各种焊接缺陷，一旦压力容器出现缺陷，如管道堵塞或安全阀失灵，检验、操作失误，易发生爆炸破裂。

生产过程中，由于设计、制造、安装缺陷，密封装置失效，设备管道腐蚀或断裂，超压引起的设备与管道突然破裂，以及操作失误和维护不周等原因，可燃物质从工艺装置、设备、管道泄漏；在设备检修等过程中，残存在工艺系统中的物料不可避免地也要溢出。若遇明火或高热有发生火灾和爆炸的危险。有毒物质泄漏而污染作业环境，当其浓度超过规定的浓度会造成中毒和窒息。

在生产运行过程中，管路系统包括管道、阀门、连接法兰的密封填料等设备及附件，是最有可能发生泄漏的地方。此外，塔器、换热器、储槽储罐、压缩机、风机、泵等设备也可能因破裂、锈蚀等发生泄漏事故。

（3）中毒和窒息

设备、管道、容器的重大事故，导致烟气、废气、二氧化碳、氟利昂等的大量泄漏，使局部区域的氧分压大幅度降低，工作人员可能发生缺氧窒息事故。

乙醇胺的稀溶液具有非常弱的碱性和刺激性，随着其浓度的增大，对眼、皮肤和黏膜有刺激性，接触泄漏的乙醇胺或其蒸气，会发生中毒和窒息事故。乙醇胺高温下会分解生成乙醛和氨，这两种气体均是有毒、有害气体。

维修人员进入设备或容器进行检修，若进入前没有对设备或容器内的有毒、有害气体进行彻底置换，也没有检测含氧量是否合格，进入密闭空间内工作会发生中毒和窒息事故。

缺氧危险作业场所包括储罐（槽）、塔器设备、烟道等密闭设备以及地下溶液储槽。维修人员在这些场所进行作业，应严格执行 GB 8958—2006《缺氧危险作业安全规程》规定的作业要求与安全防护措施。

（4）烫伤和冻伤

人体接触蒸汽、贫富液高温设备及管道，或者从中泄漏的贫富液、蒸汽、热水等高温介质可致烫伤。

液态二氧化碳迅速气化过程大量吸热会引起冻伤，包括皮肤受伤或人体组织的冻伤。另外眼睛接触到液体或压缩的二氧化碳时会使角膜或眼组织冻伤。

（5）机械伤害和起重伤害

现场有压缩机、引风机、泵等动设备十多台套，如果设备设施、工具、附件有缺陷，设备日常维护、保养不到位、机械设备带病作业，操作错误、人为造成安全装置失效，机械运转时加油、维修、清扫，或者操作者进入危险区域进行检查、安装、调试，生产作业环境缺陷，操作空间不符合安全要求，都易发生机器损坏事故甚至是人身伤亡事故。

在施工、维修过程中用到大量机械设备、设施，工作人员若操作不当或发生意外，易发生机械伤害和起重伤害事故。

（6）高处坠落

吸收塔、再生塔高度都超过 30m，还有多台高度超过 2m 的储槽、储罐、过滤器、分离器等设备、设施。由于设备和构造的梯子、平台等登高装置结构设计缺陷或结构损坏，负载攀登，攀登方式不对或穿着物不合适、不清洁造成跌落，作业方法不安全，与障碍物碰撞，登高作业未系安全带或安全带固定不可靠等都可能发生高处坠落事故。

（7）物体打击

现场有换热器、过滤器、液态器、制冷设备等多台承压设备。承压设备的零部件被高压介质顶出，可能会打击人体致人伤亡。设备运转中违章操作，器具部件飞出对人体造成伤害。

（8）触电

各种电气设备，外露的可导电体接地保护损坏或不符合规范，导线绝缘损坏或老化，带电作业不按规定穿戴防护用品，或缺乏电气安全知识违章作业，人触及带电体，有可能发生触电伤害事故。

2. 管道输送

二氧化碳为非易燃无毒窒息性气体，其输送过程中存在窒息性、腐蚀性、强节流效应、溶解性。根据辨识依据，存在的主要危害有泄漏、物体打击、管道占压、第三方破坏、其他伤害等。

（1）泄漏

管道输送过程中存在一定的压力，正常情况下是在密闭的管线中及密闭性良好的设备间输送，管道发生泄漏的主要原因有：

① 因设计过程中，工艺方案未进行优化，管线参数不合理，计算失误，路由、管材选择不正确等因素为投产后运行埋下隐患。

② 管道材质缺陷或焊口缺陷隐患。引发的事故多数是因焊缝和管道母材中的缺陷在二氧化碳带压输送中发生管道泄漏事故。管道安装不符合标准要求，管道强力组装、变形、错位产生裂缝；焊缝错边、棱角、气孔、裂缝未熔合等内部缺陷将造成裂纹，运行时可导致二氧化碳泄漏。

③ 地基沉降、地层滑动及地面支架失稳，造成管线扭曲断裂导致二氧化碳泄漏。

④ 温度高引起二氧化碳膨胀，使管内压力增大，密封的二氧化碳管线因管线内的介质膨胀，可引起管件破坏或管线胀坏（特别是管道与法兰的连接处），引起泄漏。

⑤ 外力碰撞、人为破坏，可导致管道破裂，导致泄漏。

⑥ 管线选材不当，壁厚计算、强度校核和稳定性估算失误，可能因超压、腐蚀、应力等诱发泄漏。

⑦ 如果法兰、法兰紧固件、阀门用料缺陷或制造工艺不符合要求，垫片、填料时间长老化等均可能导致二氧化碳泄漏。

⑧ 管道腐蚀穿孔。由于埋地钢质管道的防腐层，在实际工作中防腐质量不能完全保障，施工过程中造成防腐层机械损伤以及地质、土壤、温度、湿度等因素可能造成防腐层破坏引发管道腐蚀破裂事故。二氧化碳中含有的杂质等尘粒随气体流动而磨损管道；二氧化碳及其中含酸性气体形成内腐蚀环境，导致管道内壁腐蚀等。管道附近有已建架空输电线路，可能发生容性、阻性或者磁感应等耦合现象，在管道上感应出一个交流电压，对管道外防腐层造成破坏，情况严重也可危及操作人员的人身安全和设备的安全。

（2）物体打击

① 输送管道属于带压运行，若因意外导致管输系统压力升高，且未设防超压装置、未采取泄压保护措施或泄压保护措施存在故障，都有可能发生超压爆炸、物体打击事故。

② 管道敷设施工过程中，管线的运输、装卸及铺设时，因配合不好、安全意识淡漠，可能造成物体打击；作业人员从高处往下抛掷材料、杂物，向上递工具、材料或工具不慎掉落造成物体打击。

③ 管道敷设施工中，特别是在施工周期短、劳动力、施工机具、物料投入较多、交叉作业时因交叉作业劳动组织不合理，可能发生物体打击。

④ 管线试压工艺过程中，高压介质喷出可能造成物体打击。

⑤ 管线清管过程中压力大于管线设计压力将有可能造成管线爆裂，飞溅液体或碎片可能造成物体打击。

⑥ 管道及管道附件承压能力不足，如果管道附件飞出，可能造成物体打击。

（3）管道占压

伴随城市规划的扩展而产生管道占压，二者之间的矛盾是近年来管道安全输送的较大问题。随着城市的发展，沿线筑路、取土、建房等作业增多，占压的可能性加大，管道若长期受压，地下管线沉降变形，一旦塌陷、断裂，将导致二氧化碳泄漏。更严重的是，有些占压建筑物内产生的废液直接渗入地下，加速管道腐蚀。

（4）第三方破坏

管道沿途经过多个地市县区，途经地区社会环境会对管道的安全运行产生一定影响。当地农民进行农田耕作或焚烧、挖塘清淤等农业活动，果园的树木栽种活动以及树木的根茎影响，或其他工程施工等都可能造成管道的破坏。

（5）其他伤害

管线途经地区有公路、铁路、高速公路、河流、农田等各种地形，人员沿途巡线过程中，有可能发生交通事故、跌倒、摔伤等各种意外伤害。

3. 汽车运输

（1）泄漏

充装、卸液过程中，操作人员未按规定操作导致充装、卸液过程中二氧化碳泄漏。

（2）物体打击

卸车软管未采取固定措施，操作人员未按卸车操作规程进行操作，卸液管线脱开甩出打击到操作人员，将造成物体打击事故。

（3）车辆伤害

拉运液态二氧化碳车辆存在故障、视野不好、路面不平、天气恶劣或驾驶人员违章操作、行人违章等，都可能发生车辆伤害事故，对工作人员及设施等造成伤害和损害。

4. 注入与采出

（1）井控风险

由于气体在地层中的移动速度远大于液体，从而造成二氧化碳驱与水驱有显著的区别，即水驱在受效过程中压力一般是逐渐上升，但二氧化碳驱在受效过程中压力多是突然上升。如果不能及时发现受效井压力突变并采取有效的措施，可能造成井喷失控。井控风险也是 CCUS 目前面临的主要风险之一。

（2）泄漏

注入采出设备设施各类阀、环、密封圈老化，二氧化碳储罐及注入采出管线未定期检测及定期维护保养，井口装置及各类管道内外腐蚀、第三方破坏、地层位移、焊接质量缺陷、超压等；注入采出井技术套管完整性、水泥环质量和地层条件差等；活动断裂、盖层扩散裂隙、构造成因的裂缝、地震成因的活动断裂和地震裂缝等地质构造因素，可能造成二氧化碳或油气泄漏。

（3）物理爆炸

二氧化碳储罐、注气管线为承压设备，设备、管道设置不符合要求，选材不当，耐压等级不够，或超温、超压操作，有发生设备、管线物理爆炸的可能。压力容器、压力管道未进行定期检测，超期使用，存在发生物理爆炸的危险。压力容器的安全附件、设施未按要求定期检测，损坏或失灵，造成判断失误有发生物理爆炸的危险。开停车过程中未将盲板抽出，造成系统憋压，发现不及时可导致物理爆炸。

（4）机械伤害

注入泵运转时，其旋转部位若没有防护设施，有可能对靠近设备的人员造成机械伤害事故。

（5）物体打击

工作人员若操作不当或发生意外，易发生物体打击事故。注气管线等属于带压设备，当对其阀组等进行正对操作时，一旦介质刺出或设备设施组件脱开打击到操作人员，将造成物体打击事故。

（6）噪声伤害

泵类、电机等设备产生噪声，若工作地点的噪声值超过接触限值，或人员长期处于高噪声环境下而未采取可靠的防护措施，会引发噪声伤害。

5. 集中处理及回注

主要危险、有害因素有火灾和爆炸、中毒和窒息、高处坠落、物体打击、触电等。

(1) 火灾和爆炸

由于井口装置、分离器、加热炉、管线等设备设施密封不严或因腐蚀穿孔、外部破坏等导致的原油或天然气泄漏聚集，以及正常取样、套管气释放时造成的油气泄漏，当遇到明火、电路打火、静电打火时，可能引发火灾事故。如果附近防爆电气失效或电气不防爆，或静电接地失效产生火花或遇明火易发生火灾、爆炸。

(2) 中毒和窒息

毒性危害主要来源于原油、伴生气等。原油中的烃主要以烷烃、环烷烃和芳香烃为主，伴生气的成分主要为低分子量的烷烃(如甲烷、乙烷)组成的混合物，油气发生泄漏易在低洼、封闭或通风不良的作业场所聚集，中毒与窒息危害多易发生在设备检修、巡检作业的过程中。

(3) 高处坠落

在设备设施顶部或其他距坠落基准面2m以上的操作地点进行作业时，如果没有防护设施、防护设施安装不规范或防护设施出现严重损坏、脱焊等，操作人员有高处坠落的危险。

(4) 物体打击

操作人员若操作不当或发生意外，易发生物体打击事故。管线等属于带压设备，当对其阀组等进行正对操作时，一旦介质刺出或设备设施组件脱开打击到操作人员，将造成物体打击事故。

(5) 触电

在操作电气设备、变压器及供配电等设施时，如果导线绝缘损坏或老化，保护接地、漏电保护等措施失效，带电作业不按规定穿戴防护用品，或缺乏电气安全知识违章作业，人体触及带电体或高电压，有可能发生触电伤害事故。

第二节 碳捕集、利用与封存安全评价

一、安全评价方法的分类

安全评价方法的分类有很多，按照安全评价结果的量化程度可分为

定性安全评价和定量安全评价。

定性安全评价主要是根据经验和直观判断能力对生产系统的工艺、设备、设施、环境、人员和管理等方面的状况进行定性的分析，安全评价的结果是一些定性的指标，如是否达到了某项安全指标、事故类别和导致事故发生的因素等。

定量安全评价是运用基于大量的实验结果和广泛的事故资料统计分析获得的指标或规律(数学模型)，对生产系统的工艺、设备、设施、环境、人员和管理等方面的状况进行定量的计算，安全评价的结果是一些定量的指标，如事故发生的概率、事故的伤害(或破坏)范围、定量的危险性、事故致因因素的事故关联度或重要度等。

二、安全评价方法选择的原则

每种评价方法都有其适用的范围和应用条件，有其自身的优缺点，对具体的评价对象，必须选用合适的方法才能取得良好的评价效果。如果使用了不适用的安全评价方法，不仅浪费工作时间，影响评价工作正常开展而且可能导致评价结果严重失真，使安全评价失败。因此，在安全评价中，合理选择安全评价方法是十分重要的。在认真分析并熟悉被评价系统的前提下，选择安全评价方法应遵循充分性、适应性、系统性、针对性和合理性原则。

1. 充分性原则

充分性是指在选择安全评价方法之前，应该充分分析被评价的系统，掌握足够多的安全评价方法，并充分了解各种安全评价方法的优缺点、适应条件和范围，同时为安全评价工作准备充分的资料。也就是说在选择安全评价方法之前，应准备好充分的资料，供选择时参考和使用。

2. 适应性原则

适应性是指选择的安全评价方法应该适应被评价的系统，被评价的系统可能是由多个子系统构成的复杂系统，各子系统的评价重点可能有所不同，各种安全评价方法都有其适应的条件和范围，应该根据系统和子系统、工艺的性质和状态，选择适应的安全评价方法。

3. 系统性原则

系统性是指安全评价方法与被评价的系统所能提供的安全评价初值和边值条件应形成一个和谐的整体。也就是说，安全评价方法获得的可信的安全评价结果，是必须建立在真实、合理和系统的基础数据之上的，被评价的系统应该能够提供所需的系统化数据和资料。

4. 针对性原则

针对性是指所选择的安全评价方法应该能够提供所需的结果。由于评价的目的不同，需要安全评价提供的结果可能是危险有害因素识别、事故发生的原因、事故发生概率、事故后果、系统的危险性等，安全评价方法能够给出所要求的结果才能被选用。

5. 合理性原则

在满足安全评价目的，能够提供所需的安全评价结果前提下，应该选择计算过程最简单，所需基础数据最少和最容易获取的安全评价方法，使安全评价工作量和要获得的评价结果都是合理的，不要使安全评价出现无用的工作和麻烦。

选择安全评价方法时应根据安全评价的特点、具体条件和需要，针对被评价系统的实际情况、特点和评价目标，认真地分析、比较。必要时，要根据评价目标的要求，选择几种安全评价方法进行安全评价，相互补充、分析综合和相互验证，以提高评价结果的可靠性。在选择安全评价方法时应该特别注意以下四个方面的问题。

(1) 充分考虑被评价系统的特点，根据被评价系统的规模、组成、复杂程度、工艺类型、工艺过程、工艺参数以及原料、中间产品、产品、作业环境等，选择安全评价方法。

(2) 由于评价的具体目标不同，要求的评价最终结果也不同。如查找引起事故的基本危险有害因素、由危险有害因素分析可能发生的事故、评价系统的事故发生可能性、评价系统的事故严重程度、评价系统的事故危险性、评价某危险有害因素对发生事故的影响程度等，因此需要根据被评价的目标选择适用的安全评价方法。

(3) 评价资料的占有情况。如果被评价的系统技术资料、数据齐全，可进行定性、定量评价并选择合适的定性、定量评价方法。反之，如果是一个正在设计的系统，缺乏足够的数据资料或工艺参数不全，则只能选择较简单的、需要数据较少的安全评价方法。

(4) 安全评价人员的知识、经验、习惯，对安全评价方法的选择是十分重要的。

三、常用安全评价方法

在安全评价过程中，选择合适的评价方法，熟练掌握各种安全评价方法的内容、适用条件和范围是做好安全评价工作的基础。目前常用的安全评价方法主要有危险与可操作性分析、Bow-tie 分析、工作安全分析、预先危险性分析、安全检查表法、事故树分析、定量风险评估等。

1. 危险与可操作性分析

危险与可操作性分析(Hazard and Operability Analysis，HAZOP)是一种用于辨识工艺缺陷、工艺过程危险及操作性问题的定性分析方法。HAZOP 分析小组由各个专业、具有不同知识背景的人员组成，HAZOP 分析是小组人员以“头脑风暴”的形式辨识工艺过程中的危险与操作性问题，HAZOP 分析与其他分析方法区别在于 HAZOP 分析结果是分析团队集体智慧的结晶。

(1) 基本术语

分析节点(或称工艺单元)：指具有确定边界的设备(如两容器之间的管线)单元，对单元内工艺参数的偏差进行分析。

引导词：一个简单的词或词组，用来限定或量化意图，并且联合参数或要素以便得到偏离，引导识别工艺过程的危险。

工艺参数：与工艺过程有关的物理、化学特性，包括具体参数(如温度、压力、相数及流量)与概念性的参数(如反应、混合、浓度、pH 值等)。

偏差：偏离所期望的设计意图。分析组使用“引导词+参数”系统地对每个分析节点所涉及的参数发生的偏离进行分析，也称偏离。

原因：发生偏差的原因。一旦找到发生偏差的原因，就意味着找到了对付偏差的方法与手段，这些原因可能是设备故障、人为失误、不可预料的工艺状态(如组成改变)、外界干扰(如电源故障)等。

后果：偏差所造成的结果。假定发生偏差时已有安全保护系统失效；不考虑那些细小的与安全无关的后果。

安全措施：指设计的工程系统或调节控制系统，用以避免或减轻偏差发生时所造成的严重后果（如报警、联锁、操作规程等）。

建议措施：关于修改设计、操作规程或者进一步进行分析研究（如增加压力报警、改变操作步骤的顺序）等可以降低现有后果风险等级的建议。

（2）分析步骤

HAZOP分析步骤主要包括分析界定、组建分析小组、分析准备、分析会议、分析报告、审核和结果关闭。

① 分析界定。要确定分析范围和目标，在确定分析范围时应考虑分析对象的界区范围、可用的资料及其详细准确程度、已开展过的工艺危害分析的范围等因素。在确定分析目标时应考虑分析目的、分析对象所处的系统生命周期阶段等因素。

② 组建分析小组。成员可由HAZOP主席（组长）、记录员、设计人员、工艺工程师、设备工程师、仪表工程师、安全工程师、有经验的操作人员等组成。

③ 分析准备。包括制定分析计划、资料准备、分析培训。

④ 分析会议。基本程序包括分析项目概况、划分节点、节点设计目的描述、确定偏差、分析偏差产生的原因、分析偏差导致的后果、分析现有的保护措施、评估风险等级、提出建议措施等，重复以上步骤直到该节点所有偏差分析完毕，然后直到所有节点分析完毕。

⑤ 分析报告。HAZOP分析工作结束后，HAZOP主席（组长）应在记录员协助下及时对分析记录结果进行整理、汇总，形成HAZOP分析建议措施及报告初稿。HAZOP分析的报告初稿完成后，应分发给小组成员审阅，HAZOP主席（组长）根据小组成员反馈意见进行修改。修改完毕，经所有小组成员签字确认后，形成HAZOP分析报告，提交给项目委托方、后续行动/建议的负责人及其他相关人员。

⑥ 审查和结果关闭。HAZOP分析项目负责人（或项目经理）应对分析报告中提出的建议措施进行进一步的评估，并作出书面或电子邮件回复，对每条具体建议措施选择可采用完全接受、修改后接受或拒绝接受的形式。如果修改后接受或拒绝接受建议，或采取另一种解决方案、改变建议预定完成日期等，应说明原因，并形成文件并备案。

2. Bow-tie 分析

Bow-tie 分析是基于“三角模型”以蝴蝶结的方式分析危险源如何释放，并进一步发展为各种后果，识别当前的释放预防措施与释放后的减缓措施，以及维持这些措施有效的关键管理或维护活动。主要用于风险评估、风险管理及事故调查分析、风险审计等。可以更好地说明特定风险的状况，以帮助人们了解风险系统及防控措施系统。

（1）基本术语

危险源：可能造成潜在人员伤亡、财产损失或环境破坏的根源、状态或行为。

有害因素：导致潜在危险释放、发生事故的可能原因。

顶上事件：危险导致伤害的释放方式，这些事件在故障树的顶端、事件树的始端。

屏障：导致潜在危险释放、发生事故的可能原因。

预防措施：在 Bow-tie 图形主线左侧的所有屏障，即从有害因素到顶上事件之间的屏障，用以降低危险释放的可能性。

后果：危险释放后的最终结果。

减缓措施：在 Bow-tie 图形主线右侧的所有屏障，即从顶上事件到后果之间的屏障，用以降低危险释放导致的后果的严重性。

失效因素：导致控制措施或减缓措施失效的因素或条件。

关键行动和任务：确保预防措施或减缓措施持续有效的关键活动、程序或步骤。

（2）分析步骤

Bow-tie 分析将危险源、有害因素、预防措施、顶上事件、减缓措施和后果之间进行关联。分析步骤主要是通过识别危险源，选取某一个危险源，选取顶上事件，识别导致顶上事件的有害因素，针对每一个有害因素，找出防止顶上事件发生的预防措施；同时，识别顶上事件可能导致的后果，针对每一个顶上事件造成的后果，找出减轻后果的减缓措施。针对每一个预防和减缓措施，识别可能导致措施失效的失效因素；针对每一个失效因素，找出防止失效因素发生的控制措施，找出保证屏障持续有效的关键行动和任务，并落实每个关键行动和任务的责任人。按此步骤逐项查找每个危险源的每个顶上事件，直至结束。见图 3-1。

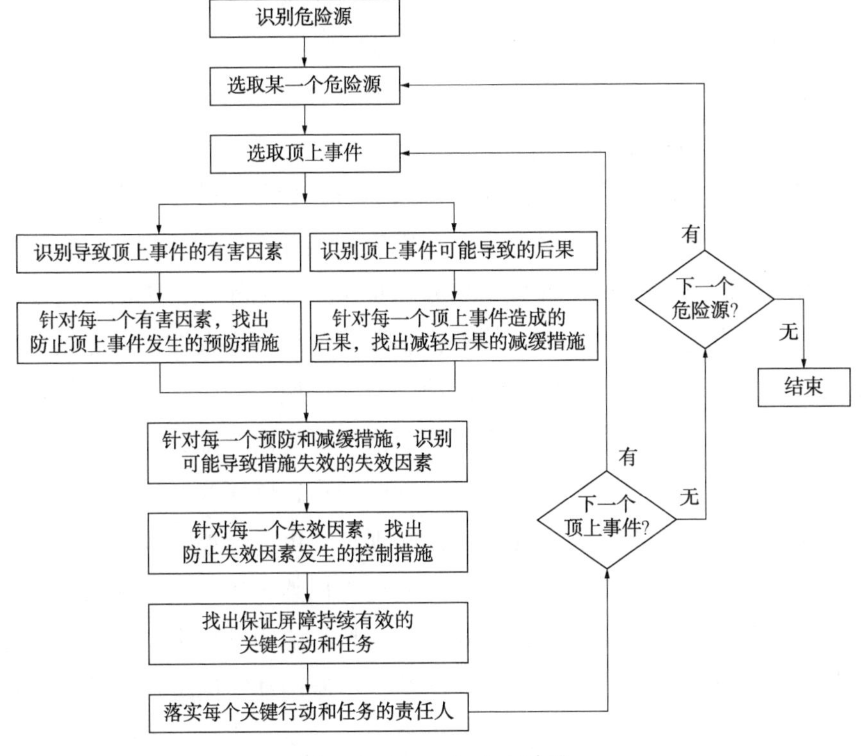

图 3-1　Bow-tie 分析步骤

3. 工作安全分析

工作安全分析(Job Safety Analysis，JSA)是事先或定期对某项工作任务进行潜在的危害识别和风险评价，并根据评价结果制定和实施相应的控制措施，达到最大限度消除或控制风险目的的方法。其目的是规范作业风险识别、分析和控制，确保作业人员健康和安全。JSA 主要用于生产和施工作业场所现场作业活动的安全分析，包括新的作业、非常规性(临时)的作业、承包商作业、改变现有的作业和评估现有的作业。

JSA 采用集体讨论的方式进行，由多个有作业经验的人员在一起对所从事的工作进行讨论，分析步骤包括成立 JSA 小组、作业步骤划分、危害因素辨识及现有控制措施描述、制定补充控制措施。

(1) 成立 JSA 小组

企业按直接作业活动选定相关人员成立 JSA 小组，明确小组长和各工作成员及其职责。JSA 组长通常是作业方代表或技术人员、熟悉现场工艺的属地单位工程师或属地主管、安全专业人员、完成工作任务的班组长及其他相关人员等。小组人员的选择应尽可能地从管理、安全、设备、技术、操作、电气等几方面考虑，这些人员必须有丰富的工作经验，能够充分了解和识别实施该项工作的危害。

(2) 作业步骤划分

针对某一项作业活动，需要 JSA 人员将其划分为若干步骤，这是直接作业环节 JSA 实施的基础。作业步骤应按实际作业程序划分，每一个步骤都应是作业活动的一部分。划分的步骤不能太笼统，否则会遗漏一些步骤以及与之相关的危害。另外，步骤划分也不宜太细，应经大家讨论后确定。根据经验，一项作业活动的步骤一般为3~8 步。如果作业活动划分的步骤实在太多，可先将该作业活动分为两个部分，分别进行危害分析。重要的是要保持各个步骤正确的顺序，顺序改变后的步骤在危害分析时有些潜在的危害可能不会被发现，也可能增加一些实际并不存在的危害。应由相当有工作经验并能完整辨识整个作业工艺的人划分作业步骤。作业步骤的描述，语言要简练，只需说明做什么，而不必描述如何做。描述作业步骤一般用动宾词组；不能用动宾词组描述的，也可用含有动词的短句。按照顺序在分析表中记录每一步骤，说明它是什么而不是怎样做。

(3) 危害因素辨识及现有控制措施描述

准确辨识危害因素，明确危害因素可能产生的风险，清楚企业现有的风险控制手段是 JSA 实施主要阶段的任务和目标。辨识危害的基本方法包括对具有该项作业活动工作经验的人询问交谈、对作业活动的现场观察、查询已有事故(伤害)资料以及获取类似企业作业活动的危害因素辨识材料，依次对作业活动的每一步骤进行危害的辨识，将辨识的危害列入作业安全分析表中。

(4) 制定补充控制措施

直接作业环节 JSA 实施第二阶段的主要任务是针对每一步骤识别出的危害和现有的控制措施不足的情况下，根据现场作业的实际情况，补充制定相应的补充控制措施。

4. 预先危险性分析

预先危险性分析(Preliminary Hazard Analysis，PHA)是一种起源于美国军用标准安全计划的方法。主要用于对危险物质和重要装置的主要区域等进行分析，包括设计、施工和生产前对系统中存在的危险性类别、出现条件、导致事故的后果进行分析，其目的是识别系统中的潜在危险，确定其危险等级，防止危险发展成事故。

（1）四项基本目标

大体识别与系统有关的一切主要危险、危害。在初始识别中暂不考虑事故发生的概率；鉴别产生危害的原因；假设危害确实出现，估计和鉴别对人体及系统的影响；将已经识别的危险、危害分级，并提出消除或控制危险性的措施。

分级标准如下：

Ⅰ级——安全的，不至于造成人员伤害和系统损坏；

Ⅱ级——临界的，不会造成人员伤害和主要系统的损坏，并且可能排除和控制；

Ⅲ级——危险的，会造成人员伤害和主要系统损坏，为了人员和系统安全，需立即采取措施；

Ⅳ级——破坏性的，会造成人员死亡或众多伤残，及系统报废。

（2）分析步骤

首先确定要分析的系统，收集相关资料，并对该系统的功能进行分解。在此基础上，逐项分析识别出的危险性，确定风险等级，针对不同的风险制定防范措施，并实施落实，见图3-2。

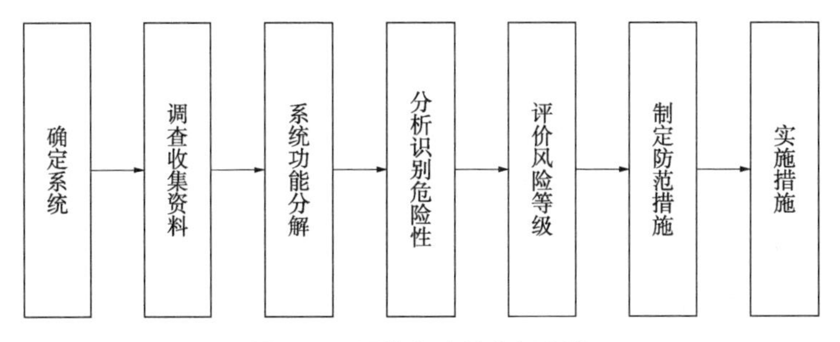

图3-2　预先危险性分析步骤

5. 安全检查表法

安全检查表法(Safety Checklist Analysis，SCA)多用于查找工程、系统中各种设备设施、物料、工件、操作、管理和组织措施中的危险有害因素，事先把检查对象加以分解，将大系统分割成若干小的子系统，以提问或打分的形式，将检查项目列表逐项检查，避免遗漏。

（1）编制安全检查表的主要依据

有关标准、规程、规范及规定；同类企业安全管理经验及国内外事故案例；通过系统安全分析确定的危险部位及防范措施；有关技术资料。

（2）安全检查表的优点

能够事先编制，故可有充分的时间组织有经验的人员来编写，做到系统化、完整化，不至于漏掉能导致危险的关键因素；可以根据规定的标准、规范和法规检查遵守的情况，提出准确的评价；安全检查表的应用方式是有问有答，给人的印象深刻，能起到安全教育的作用。安全检查表内还可注明改进措施的要求，隔一段时间后重新检查改进情况；简明易懂，容易掌握。

（3）安全检查表的分类

安全检查表的分类方法可以有许多种，如可按基本类型分类，可按检查内容分类，也可按使用场合分类。

目前，安全检查表有三种类型：定性检查表、半定量检查表和否决型检查表。定性检查表是列出检查要点逐项检查，检查结果以“对”“否”表示，检查结果不能量化。半定量检查表是给每个检查要点赋予分值，检查结果以总分表示，有了量的概念，这样，不同的检查对象也可以相互比较，但缺点是检查要点的准确赋值比较困难。否决型检查表是给一些特别重要的检查要点做出标记，这些检查要点如不满足，检查结果视为不合格，这样可以做到重点突出。

在检查表的每个提问后面也可以设备注栏，说明存在的问题及拟采取的改进措施等。每个检查表应注明检查时间、检查者、直接负责人等，以便分清责任。由于安全检查的目的、对象不同，检查的内容也有所区别，因而应根据需要制定不同的检查表。

安全检查表可适用于工程、系统的各个阶段。安全检查表可以评价物质、设备和工艺，常用于专门设计的评价。安全检查表法也能用在新工艺（装置）的早期开发阶段，判定和估测危险，还可以对已经运行多年的在役（装置）的危险进行检查。用于安全验收评价、安全现状评价和专项安全评价。

6. 事故树分析

事故树分析（Fault Tree Analysis，FTA）是系统安全工程中一种常用的有效的危险分析方法，是把可能发生或已发生的事故，与导致其发生的层层原因之间的逻辑关系，用一种称为“事故树”的树形图表示出来，它构成一种逻辑树图。然后，对这种模型进行定性和定量分析。从而可以把事故与原因之间的关系直观地表示出来，而且可以找出导致事故发生的主要原因和计算出事故发生的概率。

（1）事故树分析的优点

对导致事故的各种因素及其逻辑关系作出全面的阐述；便于发现和查明系统内固有的或潜在的危险因素，为安全设计、制定技术措施及采取管理对策提供依据；使作业人员全面了解和掌握各项防灾要点；对已发生的事故进行原因分析；便于进行逻辑运算。

（2）分析步骤

① 确定顶上事件。所谓顶上事件，就是我们所要分析的对象事件。分析系统发生事故的损失和频率大小，从中找出后果严重，且较容易发生的事故，作为分析的顶上事件。

② 确定目标。根据以往的事故记录和同类系统的事故资料，进行统计分析，求出事故发生的概率(或频率)，然后根据这一事故的严重程度，确定我们要控制的事故发生概率的目标值。

③ 调查原因事件。调查与事故有关的所有原因事件和各种因素，包括设备故障、机械故障、操作者的失误、管理和指挥错误、环境因素等，尽量详细查清原因和影响。

④ 画出事故树。根据上述资料，从顶上事件起进行演绎分析，一级一级地找出所有直接原因事件，直到所要分析的深度，按照其逻辑关系，画出事故树。

⑤ 定性分析。根据事故树结构进行化简，求出最小割集和最小径集，确定各基本事件的结构重要度排序。计算顶上事件发生概率，首先根据所调查的情况和资料，确定所有原因事件的发生概率，并标在事故树上；根据这些基本数据，求出顶上事件(事故)发生概率。

⑥ 进行比较。要根据可维修系统和不可维修系统分别考虑。对可维修系统，把求出的概率与通过统计分析得出的概率进行比较，如果二者不符，则必须重新研究，看原因事件是否齐全，事故树逻辑关系是否清楚，基本原因事件的数值是否设定得过高或过低，等等。对不可维修

系统，只需求出顶上事件发生概率即可。

⑦ 定量分析。定量分析包括下列三个方面的内容：当事故发生概率超过预定的目标值时，要研究降低事故发生概率的所有可能途径，可从最小割集着手，从中选出最佳方案。利用最小径集，找出根除事故的可能性，从中选出最佳方案。求各基本原因事件的临界重要度系数，从而对需要治理的原因事件按临界重要度系数大小进行排队，或编出安全检查表，以求加强人为控制。

7. 定量风险评估

《危险化学品生产、储存装置个人可接受风险标准和社会可接受风险标准（试行）》中将定量风险评估（Quantative Risk Assessment，QRA）定义为“对某一装置或作业活动中发生事故频率和后果进行定量分析，并与可接受风险标准比较的系统方法”。SAFETI & PHAST 软件作为定量风险评估软件的代表，是基于大量历史失效数据，通过建立严格的数学模型，能够对事故的结果进行精确模拟，并根据概率模型对事故造成的个人、社会和经济等方面进行评价。

定量风险评估的基本程序如图 3-3 所示。

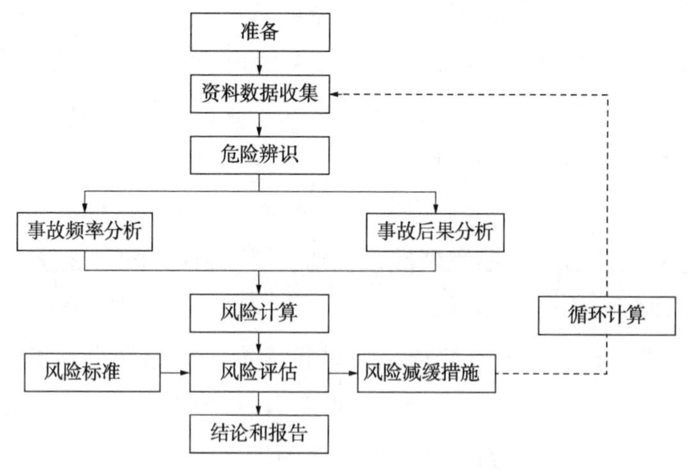

图 3-3　定量风险评估基本程序

① 明确评估对象，成立评估小组，包括现场工艺操作员、安全工作人员和管理人员等。

② 收集开展二氧化碳输送管道定量风险评估相关的资料，包括但不限于：评估用法律、法规、规章、制度；二氧化碳输送管道泄漏危险

源分布数据；二氧化碳输送管道工艺流程数据；设备设施运行参数数据；二氧化碳输送管道风险安全评估资料；主要危险有害物质；人员分布数据等。

③ 通过危险辨识，对油气管道泄漏事故频率和事故后果进行定量分析。

④ 通过风险计算，进行风险评估，并与可接受标准进行比较，提出风险减缓措施。

8. 其他安全评价方法

其他安全评价方法还有风险矩阵法、危险指数法、故障假设分析、故障假设/检查表分析、危险与可操作性分析、故障形式和影响分析、事件树分析、人员可靠性分析等。

第三节　安全评价应用实例

一、安全检查表应用实例

1. 管道安全检查表

依据SH/T 3202—2018《二氧化碳输送管道工程设计标准》、GB/T 50698—2011《埋地钢质管道交流干扰防护技术标准》、GB 50423—2013《油气输送管道穿越工程设计规范》等标准规范的要求，编制管道安全检查表(表3-1)，对线路路由进行检查，对符合要求的检查项在检查结果栏中标记为“√”，对不符合要求的检查项在检查结果栏中标记为“×”，对未明确的检查项在检查结果栏中标记为“◎”。

表3-1　管道安全检查表

检查内容	检查依据	检查记录
线路走向应根据工程建设目的和气源、生产的分布，结合沿线城镇规划、土地利用、水资源、环境保护、安全卫生、水土保持、文物保护、交通运输及矿产资源等现状和规划，通过综合分析和技术经济比较确定	SH/T 3202—2018/5.1.1	本工程管道线路的选择，通过综合分析和多方案技术经济比较确定线路总体走向

续表

检查内容	检查依据	检查记录
线路应避开飞机场、铁路车站、汽车客运站、海(河)港码头等区域，宜避开环境敏感区、城镇规划区和多年生经济作物区，当受条件限制无法避开时，应征得主管部门同意，并采取安全保护措施	SH/T 3202—2018 /5. 1. 2	该管道未通过饮用水水源一级保护区、飞机场、火车站、海(河)港码头、军事禁区、国家重点文物保护范围、自然保护区的核心区
线路应避开重要的军事设施、易燃易爆仓库及重点文物保护区	SH/T 3202—2018 /5. 1. 3	因周边环境限制，有 70km 穿越了于家店北遗址
线路应避开滑坡、崩塌、沉陷、泥石流等不良工程地质区，宜避开矿产资源区、危及管道安全的地震区。当受条件限制无法避开时，应采取防护措施并选择合适位置，缩小通过距离	SH/T 3202—2018 /5. 1. 9	本工程区域位于华北冲积平原，境内无高山和丘陵，地势平缓。管道避开滑坡、崩塌、沉陷、泥石流等不良工程地质区，避开矿产资源区、危及管道安全的地震区
埋地二氧化碳管道同地面建(构)筑物的最小间距应符合下列规定： ① 管道与地面建(构)筑物的距离不应小于 5m，且应满足施工和运行管理的需求。 ② 当管道邻近飞机场、海(河)港码头、大中型水库和水工建(构)筑物敷设时，间距不宜小于 20m。 ③ 管道与军工厂、军事设施、易燃易爆仓库、国家重点文物的最小间距应符合相关规定。 ④ 管道与铁路并行敷设时，距铁路用地界的净距不应小于 3m，埋地管道距邻近铁路线路轨道中心线的净距不应小于 25m，地上管道与邻近铁路线路轨道中心线的水平净距不应小于 50m。如受地形或其他条件限制不能满足本条要求时，应征得铁路管理部门的同意。 ⑤ 管道与公路并行敷设时，管道应敷设在公路用地范围边线以外，距用地边线不应小于 3m。如受地形或其他条件限制不能满足本条要求时，应征得公路管理部门的同意	SH/T 3202—2018 /XG1—2022/5. 1. 5	该工程输送介质为二氧化碳。 拟建管道选址与城镇居民点的距离不小于 5m；沿线不涉及飞机场、海(河)港码头和水工建(构)筑物；管道沿线避开了文物保护、小学、易燃易爆仓库、集市等人员密集场所；管道周围无军工厂、军事设施、炸药库、国家重点文物保护设施

续表

<table>
<tr><th>检查内容</th><th>检查依据</th><th>检查记录</th></tr>
<tr><td>埋地二氧化碳管道与已建管道、架空输电线路并行敷设时，其距离应符合下列规定：
① 埋地二氧化碳管道与已建管道不受地形、地物或规划限制的地段，最小净距不应小于6m；当受限时，采取安全措施后净距可小于6m。
② 在开阔地区，埋地二氧化碳管道与高压交流输电线路杆(塔)基脚间的最小距离不宜小于杆(塔)高。
③ 在路由受限地区，埋地二氧化碳管道与交流输电系统的各种接地装置之间的最小水平距离不宜小于下表的规定。
<table><tr><td>电压等级/kV</td><td>≤220</td><td>330</td><td>500</td></tr><tr><td>铁塔或电杆接地/m</td><td>5.0</td><td>6.0</td><td>7.5</td></tr></table>注：在采取故障屏蔽、接地、隔离等防护措施后，表中规定的距离可适当减小</td><td>SH/T 3202—2018/5.1.6</td><td>可研报告中已明确</td></tr>
<tr><td>管道与干扰源接地体的距离应符合现行国家标准《埋地钢质管道交流干扰防护技术标准》(GB/T 50698)、《埋地钢质管道直流干扰防护技术标准》(GB 50991)的规定</td><td>SH/T 3202—2018/5.1.7</td><td>可研报告指出，本工程采用强制电流阴极保护系统进行保护</td></tr>
<tr><td>埋地管道与埋地电力电缆平行敷设的最小距离，应符合现行国家标准《钢质管道外腐蚀控制规范》(GB/T 21447)的规定</td><td>SH/T 3202—2018/5.1.8</td><td>可研报告中已明确</td></tr>
<tr><td>管道与110kV及以上高压交流输电线路的交叉角度不宜小于55°。在不能满足要求时，宜根据工程实际情况进行管道安全评估，结合防护措施，交叉角度可适当减小</td><td>GB/T 50698—2011/5.1.6</td><td>管道与110kV及以上高压交流输电线路的交叉角度不小于55°</td></tr>
<tr><td>当埋地二氧化碳管道同其他埋地管道或金属、混凝土、砖石等构筑物交叉时，其垂直净距不应小于0.3m；管道与电力、通信电缆交叉时，其垂直净距不应小于0.5m，并应在交叉点处二氧化碳管道两侧各10m以上的管段和电缆采用相应的最高绝缘等级防腐层</td><td>SH/T 3202—2018/5.3.8</td><td>可研报告中已明确</td></tr>
</table>

续表

检查内容	检查依据	检查记录
选择的穿越位置应符合线路总体走向，应避开一级水源保护区。对于大、中型穿越工程，线路局部走向应按所选穿越位置进行调整，并应符合下列要求： ① 穿越位置宜选在岸坡稳定地段。若需在岸坡不稳定地段穿越，则应对岸坡做护岸、护坡整治加固工程。 ② 穿越位置不宜选择在全新世活动断裂带及影响范围内。 ③ 穿越宜与水域轴线正交通过。若需斜交时，交角不宜小于60°，采用定向钻穿越时，不宜小于30°	GB 50423—2013/3.3.2	可研报告中已明确
当采用水平定向钻或隧道穿越河流堤坝时，应根据不同的地质条件采取措施控制堤坝和地面的沉陷，防止穿越管道处发生管涌，不应危及堤坝的安全。水平定向钻入土点、出土点及隧道竖井边缘距大堤坡脚的距离不宜小于50m	GB 50423—2013/3.3.9	大于50m

通过检查表分析，对管道线路和附属设施、仪表与通信、防腐满足相关标准要求。提出如下建议：

管道敷设时水平定向钻水域穿越管段管顶埋深不宜小于设计洪水冲刷线或疏浚深度以下6m。管道敷设工程应尽早签订拆迁协议，确保管道工程长远运行符合法规规定，迁坟、拆迁房屋及深根植物等，应充分考虑方案可行性，必要时上报政府相关部门，避免造成管道运行单位与地方关系恶化，影响管道安全平稳运行。

高后果区方面建议施工期间加大监理力度，保证施工质量，严格按照设计要求进行施工。应对人员密集场所高后果区沿线市政地下管网、排水明暗渠进行详细勘察，与其交叉并行距离应满足相关法律法规规范要求。管道敷设工程规划路由方案需得到地方政府规划部门的初步许可复函。

水域穿越时，要保证管道的安全埋深，以保证管道从河流底部稳定层通过，确保管道的本质安全。当管道施工时，应分段进行强度试压和严密性试压，试验压力值的测量以管道高点压力表为准，具体应执行GB 50369—2014《油气长输管道工程施工及验收规范》要求。定向钻穿越管段回拖后还需进行第二次严密性试压。提高新建管道焊缝无损检测的要求，新建管道焊缝无损探伤采取100%超声波探伤和100%射线探伤相结合。

与架空高压线交叉时，交叉点两侧管道要采取加强防腐措施。高压线易对附近埋地金属管道产生交流杂散电流干扰影响，管道建成后运行单位应加强干扰防护排流设施的管理，管道运行后进行详细的测试、评估，确定是否进行二次设计、施工。根据实测结果，有针对性地采取有效排流措施。对管道埋深和内外腐蚀情况定期检测，并建立管道检测档案，原始数据及数据分析结果应当妥善保存。

与公路交叉时，在施工前，建设单位应委托具有相应资质的单位，开展管道穿越公路专项安全技术评价，出具评价报告，并征得公路管理部门的同意。采用无套管的穿越管段，距管顶以上0.5m处应埋设钢筋混凝土板；钢筋混凝土板上方应埋设警示带。采用钢套管穿越公路的管段，对管道阴极保护形成屏蔽作用时，应增加牺牲阳极保护。套管中的管道宜设置绝缘支撑，并采取相关技术措施保持管道防腐涂层完整性。

管道穿越既有铁路桥梁，应优先考虑与铁路正交方案，斜交时不宜小于45°；原则上应避开站场、道岔、曲线的缓和曲线及竖曲线区段；同时考虑避开接触网锚段关节、关节式电分相等设备处所。与铁路并行地段二氧化碳输送管道与邻近铁路线路轨道中心线的水平净距不应小于50m。为确保铁路运输安全，委托具有铁路勘察设计资质的设计单位对二氧化碳输送管道下穿铁路段进行专项设计，并委托有相应资质的单位开展安全评估。专项设计和安全评估报告完成后报中国铁路部门审查。

与埋地电力电缆、通信光(电)缆交叉时，垂直净距不应小于0.5m，交叉点两侧各延伸10m以上的管段，应确保管道防腐层无缺陷。在穿

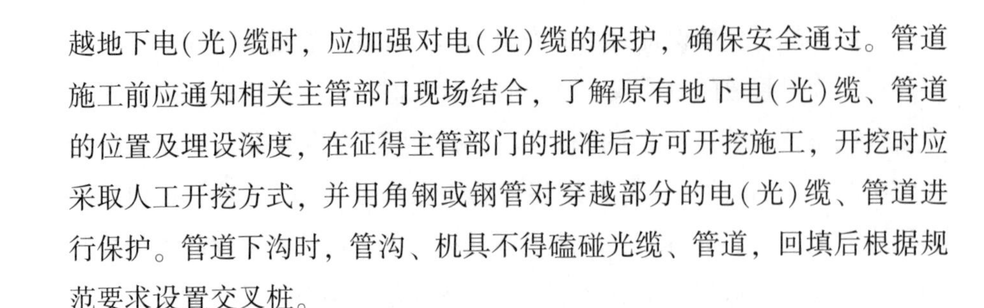

越地下电(光)缆时，应加强对电(光)缆的保护，确保安全通过。管道施工前应通知相关主管部门现场结合，了解原有地下电(光)缆、管道的位置及埋设深度，在征得主管部门的批准后方可开挖施工，开挖时应采取人工开挖方式，并用角钢或钢管对穿越部分的电(光)缆、管道进行保护。管道下沟时，管沟、机具不得磕碰光缆、管道，回填后根据规范要求设置交叉桩。

与已建管道并行敷设时，应注意对并行敷设的管道进行保护。土方地区两管道间距不宜小于 6m，定向钻穿越段两管道间距不宜小于 10m，垂直间距不宜小于 6m。施工时先明确地下管道的位置，人工探测附近管道，做好位置标记，每隔 30m 人工开挖探坑，采取人工开挖管沟的方式，避免机械对其他管道的扰动；同时采取沟下组焊的方式减少作业带宽度，能够满足管道与其他管道平行敷设的要求。

建议同沟并行管道的标志桩、警示牌等标识应分别设置。每条管道的标志桩位置应准确，标识应清晰、醒目、便于区分。对于同沟敷设段、穿跨越段的标识，宜设置在同一地点。同沟敷设段的标志桩应设置在管道中心线上方，并适当加密。光缆敷设时，应在光缆正上方设置光缆警示带，以防止施工或其他活动破坏埋地光缆。

防腐方面，被保护管道应在下列位置装设电绝缘装置：支线管道的连接处，不同防腐层的管段间，不同电解质的管段间(如河流穿越处)，交、直流干扰影响的管段上，实施阴极保护的管道与未保护的设施之间。为确保管道的电连续性，对安装在各站场进出口的绝缘装置外侧及远控阀室两侧的管道进行电缆跨接。在管道交叉处或近距离平行处进行监控，待管道阴极保护投产后，应联合平行或交叉管道运行管理单位对管线交叉处、平行段进行杂散电流测试，根据测试情况，采取针对性的防干扰腐蚀措施。

2. 站场安全检查表

依据 GB 50187—2012《工业企业总平面设计规范》、GBZ 1—2010《工业企业设计卫生标准》等标准，编制站场安全检查表(表 3-2)，并对照检查表对本工程平面布置设计内容与相关法律法规、标准、规章、规范的符合性进行检查和评价。

表 3-2 站场安全检查表

检查项目及内容	依据	检查情况
一般规定		
厂址选择应符合国家的工业布局、城乡总体规划及土地利用总体规划的要求，并应按照国家规定的程序进行	GB 50187—2012/3.0.1	符合该要求
散发有害物质的工业企业厂址应位于城镇、相邻工业企业和居住区全年最小频率风向的上风侧，不应位于窝风地段，并应满足有关防护距离的要求	GB 50187—2012/3.0.7	符合该要求，并满足有关防护距离
下列地段和地区不应选为厂址： ① 发震断层和抗震设防烈度为9度及高于9度的地震区。 ② 有泥石流、流沙、严重滑坡、溶洞等直接危害的地段。 ③ 采矿塌落(错动)区地表界限内。 ④ 爆破危险区界限内。 ⑤ 坝或堤决溃后可能淹没的地区。 ⑥ 有严重放射性物质污染的影响区。 ⑦ 生活居住区、文教区、水源保护区、名胜古迹、风景游览区、温泉、疗养区、自然保护区和其他需要特别保护的区域。 ⑧ 对飞机起落、机场通信、电视转播、雷达导航和重要的天文、气象、地震观察，以及军事设施等规定有影响的范围内。 ⑨ 很严重的自重湿陷性黄土地段，厚度大的新近堆积黄土地段和高压缩性的饱和黄土地段等地质条件恶劣地段。 ⑩ 具有开采价值的矿区。 ⑪ 受海啸或湖涌危害的地区	GB 50187—2012/3.0.14	周边无相关地段或区域
工业企业厂区总平面功能分区原则应遵循：分期建设项目宜一次整体规划，使各单体建筑均在其功能区内有序合理，避免分期建设时破坏原功能分区；行政办公用房应设置在非生产区；生产车间及与生产有关的辅助用室应布置在生产区内；产生有害物质的建筑(部位)与环境质量较高要求的有较高洁净要求的建筑(部位)应有适当的间距或分隔	GBZ 1—2010/5.2.1.3	可研报告中已明确

续表

检查项目及内容	依据	检查情况
一般规定		
生产区宜选在大气污染物扩散条件好的地段，布置在当地全年最小频率风向的上风侧；产生并散发化学和生物等有害物质的车间，宜位于相邻车间当地全年最小频率风向的上风侧；非生产区布置在当地全年最小频率风向的下风侧；辅助生产区布置在两者之间	GBZ 1—2010/5.2.1.4	可研报告中已明确
厂区通道宽度应根据下列因素经计算确定： ① 应符合防火、安全、卫生间距的要求。 ② 应符合各种管线、管廊、运输线路及设施、竖向设计、绿化。 ③ 应符合施工、安装及检修的要求。 ④ 厂区通道的预留宽度应为该通道计算宽度的10%~20%	GB 50489—2009/5.1.6	可研报告中已明确
竖向设计应结合场地地形、工程地质和水文地质条件，合理确定各类设施、运输线路和场地的标高，并应与厂区外部现有和规划的有关设施、运输线路、排水系统及周围场地的标高相协调	GB 50489—2009/6.1.2	可研报告中已明确
场地应清污分流，并有完整、有效的雨水排水系统。场地排雨水管、沟应与厂外排雨水系统相衔接，场地雨水不得任意排泄至厂外，不得对其他工程设施或农田造成危害	GB 50489—2009/6.4.1	可研报告中已明确
站内工艺管线		
有可燃性、爆炸危险性、毒性及腐蚀性介质的管道，应采用地上敷设	GB 50489—2009/7.1.2	地面敷设
管线综合布置应满足生产、安全、施工和检修要求	GB 50489—2009/7.1.3	符合该要求
地上管线的敷设，可采用管架、低架、管墩、建筑物支撑式及地面式。敷设方式应根据生产安全、介质性质、生产操作、维修管理、交通运输和厂容等因素综合确定	GB 50489—2009/7.3.1	可研报告中已明确
输送工艺		
二氧化碳物性参数计算应选用 PR 方程	SH/T 3202—2018/4.2.1	选用 PR 方程
超临界、气相、液相二氧化碳输送管道水力和热力计算可按《二氧化碳输送管道工程设计标准》SH/T 3202—2018/XG1—2022 附录 A 计算	SH/T 3202—2018/4.2.2	按照该方法计算

续表

检查项目及内容	依据	检查情况
输送工艺		
采用液相和超临界输送二氧化碳管道的设计应进行水击分析	SH/T 3202—2018 /4.2.3	已分析
进站截断阀上游或出站截断阀下游宜设置泄压放空设施	SH/T 3202—2018 /4.3.1	已设置
干线截断阀上下游宜设置放空阀或放空管，放空管至截断阀的距离不宜小于5m	SH/T 3202—2018 /4.3.2	设置放空立管
管道操作温度不应低于管材最低使用温度	SH/T 3202—2018 /4.3.6	满足要求
二氧化碳采用液相输送时，沿线任何一点的压力应高于输送温度下二氧化碳的饱和蒸气压。沿线各中间泵站的进站压力应比同温度下二氧化碳的泡点压力高1MPa，末站进站前的压力应比同温度下二氧化碳的泡点压力高0.5MPa	SH/T 3202—2018 /4.1.4	可研报告中已明确
工艺装置		
站场工艺应符合下列规定： ① 站场工艺设置应满足管道输送工艺、运行条件及用户的需求。 ② 首站及中间注入站应设置组分分析仪、水露点检测仪。 ③ 泵或压缩机的流量调节宜采用转速调节；具有分输功能的站场应设置流量或压力调节控制设施。 ④ 站场应设置越站旁通。进、出站管线应设置切断阀，宜具备远控和手动操作功能。 ⑤ 管道内输送介质不应发生相变。 ⑥ 气相输送时站内介质流速宜为10~20m/s；超临界输送时宜为0.8~1.4m/s，且不应大于3m/s。 ⑦ 液相、超临界输送管道隔断阀之间的管段上应设置安全阀。 ⑧ 用于贸易交接的流量计，应设有备用，且不应设置旁路	SH/T 3202—2018 /6.2.1	首站主要功能有密相二氧化碳加压外输、计量，同时收发清管器、站内倒罐、高低压泄压保护、体积管流量计标定功能等
线路截断阀应能通过清管器或检测仪器，可采用自动或手动阀门，当采用自动阀门时，应具有手动操作功能	SH/T 3202—2018 /5.4.4	满足通球要求
线路截断阀和止回阀之间应设置泄压措施	SH/T 3202—2018 /5.4.5	紧急切断阀采用全焊接全通径球阀，*DN*300

续表

检查项目及内容	依据	检查情况
工艺装置		
清管设计应符合下列规定： ① 清管宜采用不停输密闭工艺。 ② 收、发球筒应满足智能清管检测器的使用要求。 ③ 清管产生的污物应收集处理	SH/T 3202—2018 /6. 2. 2	采用能通过智能清管器的清管器接收、发送装置。收/发球筒配有必要的支吊架，清管作业时需有操作人员到现场，借助清管小车、支吊架和倒链等辅助设施进行清管作业
增压设计应符合下列规定： ① 增压站应根据管道沿线压力分布、输送介质的稳定性和工程经济性确定。 ② 增压设备的选型和配置，应根据管道流量、进出站压力、介质相态等参数确定。气相输送时应选用压缩机，液相输送时宜选用离心泵	SH/T 3202—2018 /6. 2. 3	输送采用离心泵
输气站生产的污液宜集中收集，应根据污物源的点位、数量、物件参数等设计排污管道系统，排污管道的终端应设排污池或排污罐	GB 50251—2015 /6. 2. 6	首、末站设排污系统
输气站应设放空立管，需要时还可设放散管	GB 50251—2015 /3. 4. 7	首、末站、阀室设置放空立管
放空立管和放散管的设计应符合下列规定： ① 放空立管直径应满足设计最大放空量的要求。 ② 放空立管和放散管的顶端不应装设弯管。 ③ 放空立管和放散管应有稳管加固措施。 ④ 放空立管底部宜有排除积水的措施。 ⑤ 放空立管和放散管设置的位置应能方便运行操作和维护	GB 50251—2015 /3. 4. 9	立管经计算扩散范围能保证安全泄放及人员要求；放空立管顶端未装设弯管，有稳管加固措施，底部有排除积水措施；放空立管设置在站场边缘，所设位置方便运行操作和维护
工艺设备(以下简称设备)、管道和构件的材料应符合下列规定： ① 设备本体(不含衬里)及其基础，管道(不含衬里)及其支、吊架和基础应采用不燃烧材料，但储罐底板垫层可采用沥青砂。 ② 设备和管道的保温层应采用不燃烧材料，当设备和管道的保冷层采用阻燃型泡沫塑料制品时，其氧指数不应小于 30。 ③ 建筑物的构件耐火极限应符合现行国家标准《建筑设计防火规范》GB 50016 的有关规定	GB 50160—2008 /5. 1. 1	基础采用钢筋混凝土，设备管道、支吊架采用钢制材料；保护层采用硅酸铝纤维管壳镀锌铁皮；建筑物的构件采用非燃烧材料，符合相关标准

续表

检查项目及内容	依据	检查情况
道路及通道		
根据施工、检修、操作和消防的需要，综合考虑设备必要的通道和场地，利用通道把不同的防火分区隔开	SH 3011—2011 /3.0.8	已综合考虑
道路的路面宽度不应小于 4m，管架与路面边缘的净距不应小于 1m，路面内缘转弯半径不宜小于 7m，路面上的净空高度不应小于 4.5m	SH 3011—2011 /7.2.3	满足要求
消防		
设置在 A 类火灾、轻危险级场所的灭火器：手提式灭火器最大保护距离不应低于 25m，推车式灭火器最大保护距离不应低于 50m	GB 50140—2005 /5.2.1	满足要求
设置在 B、C 类火灾、中危险级场所的灭火器：手提式灭火器最大保护距离不应低于 12m，推车式灭火器最大保护距离不应低于 24m	GB 50140—2005 /5.2.2	满足要求
E 类火灾场所的灭火器，其最大保护距离不应低于该场所内 A 类或 B 类火灾的规定	GB 50140—2005 /5.2.4	满足要求

通过检查表分析，对平面布置、道路、消防、建构筑物满足相关标准要求。给出如下建议：

各站场站内放空管线自放空阀及孔板等节流元件后，考虑节流温降效应产生低温介质对管材的影响，节流元件及其下游管线、管件、阀门等均选用耐低温材料。生产场所与作业地点的紧急通道和紧急出入口均设置明显的标志和指示箭头；危险化学品生产岗位等作业场所张贴安全告知卡。

站场根据 GB 2894—2008《安全标志及其使用导则》，设置逃生示意图。综合用房、走廊等公共部分设施带蓄电池的应急照明，应急时间不小于 60min。过道出口处均装有安全出口标志灯、疏散诱导灯，其照度大于等于0.5 lx，平时处于点亮状态。在埋地电缆、电气设备等处设置防触电内容的警示标志。生产区内靠近大门处设置风向标，指示站内人员逃生。

二、定量后果评估分析应用实例

1. 二氧化碳输送管道事故类型及后果

根据二氧化碳泄漏形式的不同，二氧化碳长输管道可产生的事故类型为由管道失效导致密相二氧化碳泄漏。

二氧化碳输送管道泄漏事故后果的主要表现形式为：二氧化碳管道泄漏扩散窒息、二氧化碳管道泄漏低温伤害、二氧化碳管道泄漏高压冲击波伤害。

根据相关伤害准则，以定量确定人员伤亡、设备损伤等后果情况。采用 SAFETI 软件模拟在不同环境条件下的事故场景，包括二氧化碳管道发生泄漏事故，并统计由于事故造成的伤害后果，分析流程见图 3–4。

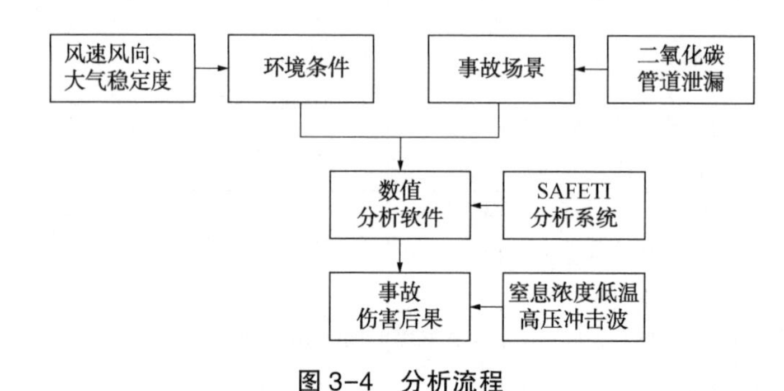

图 3–4　分析流程

2. 环境条件

二氧化碳输送管道穿越 A 市四个县，A 市所在区域属暖温带大陆性季风气候，所在地区 2018—2021 年的历史天气情况见表 3–3。

表 3–3　二氧化碳输送管道所在地区 2018—2021 年历史天气情况

风向风级	天数/天	风向风级	天数/天
北风 1 级	28	东风 2 级	106
北风 2 级	83	东风 3 级	50
北风 3 级	36	东风 4 级	5
北风 4 级	6	东风 5 级	0
北风 5 级	1	东风 6 级	0
北风 6 级	0	东南风 1 级	19
东北风 1 级	16	东南风 2 级	95
东北风 2 级	90	东南风 3 级	27
东北风 3 级	52	东南风 4 级	1
东北风 4 级	9	东南风 5 级	0
东北风 5 级	0	东南风 6 级	0
东北风 6 级	0	南风 1 级	39
东风 1 级	29	南风 2 级	134

续表

风向风级	天数/天	风向风级	天数/天
南风 3 级	65	西风 2 级	78
南风 4 级	6	西风 3 级	39
南风 5 级	2	西风 4 级	5
南风 6 级	1	西风 5 级	1
西北风 1 级	16	西风 6 级	0
西北风 2 级	87	西南风 1 级	20
西北风 3 级	59	西南风 2 级	98
西北风 4 级	7	西南风 3 级	101
西北风 5 级	1	西南风 4 级	30
西北风 6 级	0	西南风 5 级	0
西风 1 级	19	西南风 6 级	0

全年平均风速为 2.9m/s，全年平均气温 12.9℃，最高年平均温度 18.2℃，最低年平均温度 7.4℃，七月平均温度 26.7℃，一月平均温度 -2.7℃，最高温度 40.7℃，最低温度-17.3℃。

大气稳定度高，泄漏二氧化碳容易聚集，事故后果严重。依据 AQ/T 3046—2013《化工企业定量风险评价导则》附录 E.3.1 大气稳定度确定的推荐，采用 Pasquill 大气稳定度等级，分为 A~F 六类，见表 3-4。

表 3-4 二氧化碳输送管道所在地区大气稳定度

地面风速/(m/s)	白天日照			夜间条件		
	强	中等	弱	低云量<40%	中等云量	高云量>80%
<2	A	A~B	B			D
2~3	A~B	B	C	E	F	D
3~4	B	B~C	C	D	E	D
4~6	C	C~D	D	D	D	D
>6	C	D	D	D	D	D

根据 AQ/T 3046—2013《化工企业定量风险评价导则》9.4.3 在计算扩散时，宜选择稳定、中等稳定、不稳定、低风速、中风速和高风速等

多种天气条件的推荐，结合中国气象局制定的风力等级标准，确定的用于事故后果模拟的环境条件，见表 3-5。

表 3-5　二氧化碳输送管道所在地区环境条件

风级	风速/(m/s)	大气稳定度
1 级	1.5	F
2 级	2.7	C
3 级	4.4	C
4 级	6.7	D
5 级	9.35	D
6 级	12.3	D

3. 二氧化碳伤害标准

（1）窒息

无色无味的高浓度二氧化碳会带来极其危险的危害，达到一定浓度可造成人员窒息死亡。研究表明，暴露在 3%浓度的二氧化碳中几个小时后，人体的呼吸系统就会产生不适，会造成头晕或呼吸不畅；暴露在 7%浓度的二氧化碳中几分钟，就会造成意识丧失；而暴露在 15%浓度的二氧化碳中会立刻威胁到生命。二氧化碳对人体造成危害的方式主要是通过排挤空气中的氧气，降低氧气浓度；同时提高血液中二氧化碳的浓度，造成呼气系统、神经系统方面的损伤。

根据我国 GBZ 2.1—2019《工作场所有害因素职业接触限值 第 1 部分：化学有害因素》，二氧化碳的职业接触限值为：9000mg/m^3(时间加权平均容许浓度 PC-TWA)、18000mg/m^3(15min 容许浓度 PC-STEL)。达到此限制人体肺通气量增加 50%，暴露数小时后头痛加剧。根据国际公认的风险评估机构——挪威船级社(DNV)的风险评估导则规定：在 10%的二氧化碳浓度下，持续暴露时间在 15min 有 50%致伤致死风险，见图 3-5。

（2）冻伤

冻伤是由人体组织冻结引起的(温度降至 0℃以下)。它会导致受影响区域失去感觉和颜色变化，受影响最严重的部位一般是鼻子、脸颊、下巴、手指和脚趾等人体组织的末梢。冻伤可能导致永久性组织损伤，在极端情况下可能需要截肢受影响的组织。

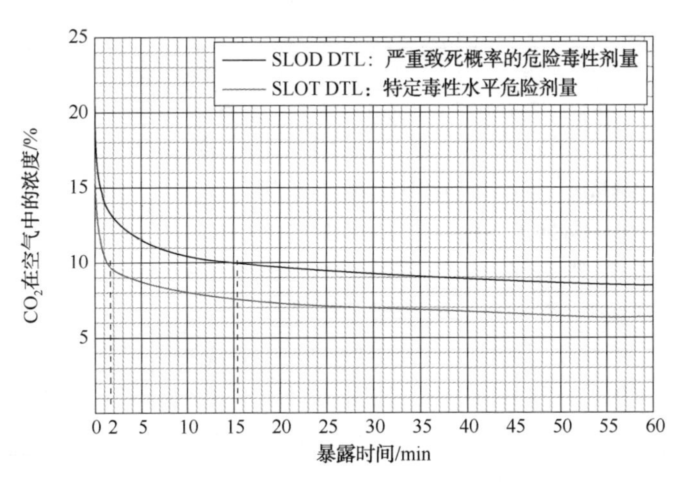

图 3-5 二氧化碳在空气中不同浓度和接触时间对人体的致死致伤风险

当人体组织温度降至0℃以下时，就会发生冻伤。冻伤最常见于裸露的皮肤(鼻子、耳朵、脸颊、裸露的手腕)，但也发生在手和脚上。湿润的皮肤冷却得更快。接触性冻伤可通过接触裸露皮肤的寒冷物体而发生，这会导致热量迅速流失。当皮肤接触过冷液体，如石油产品、油、燃料、防冻剂和酒精时(所有这些液体在-40℃下仍保持液态)，会发生瞬间冻伤。

冻伤事故的发生与接触介质温度、空气湿度、风速、人员暴露时间、人员身体活动状态和防护服有关，其中最主要的因素是接触介质温度、风速和人员暴露时间。

美国政府工业卫生会议(ACGIH)使用风寒温度(WCT)指数来定义温度标准。WCT指数综合了温度和风速，以估计寒冷环境的整体冷却能力。加拿大职业安全与健康中心(CCOHS)参照美国政府工业卫生会议的风寒温度指数，编制了风寒危害及注意事项表，见表3-6。

表 3-6 风寒危害及注意事项表

风寒温度	暴露风险	健康问题
-9～0℃	低风险	不适感略有增加
-27～-10℃	中等风险	① 难受； ② 长时间在室外而没有足够保护的情况下出现体温过低和冻伤的风险

续表

风寒温度	暴露风险	健康问题
-39～-28℃	高风险：暴露的皮肤可以在 10～30min 内冻结	① 冻伤的高风险：检查面部和四肢是否有麻木或发白； ② 如果长时间在室外，没有足够的衣服或避风和寒冷，则体温过低的风险很高
-47～-40℃	非常高的风险：暴露的皮肤可以在 5～10min 内冻结	① 冻伤风险非常高：检查面部和四肢是否有麻木或发白； ② 如果长时间在室外，没有足够的衣服或避风和避寒，则体温过低的风险非常高
-54～-48℃	严重风险：暴露的皮肤可以在 2～5min 内冻结	① 严重的冻伤风险：经常检查面部和四肢是否有麻木或发白； ② 如果长时间在室外，没有足够的衣服或避风和避寒，则有严重的体温过低风险
-55℃及以下	极端风险：暴露的皮肤可以在不到 2min 的时间内冻结	危险：室外条件是危险的

根据我国 GB/T 6052—2011《工业液体二氧化碳》，液态二氧化碳在常压下迅速气化，能造成-80～-43℃的低温，有冻伤皮肤和眼睛的危险。当二氧化碳输送管道发生泄漏由于强节流效应，会导致空气温度迅速降低，一旦与人体接触会发生接触性冻伤事故，因此选用-40℃的风寒温度作为伤害标准，人员在此风寒温度范围内有非常高的风险会被冻伤，暴露的皮肤可以在 5～10min 内冻结。风寒温度为-40℃时，当风速小于 10m/s 时，空气温度应为-35℃；当风速为 10～15m/s 时，空气温度应为-30℃。

（3）爆炸

依据《Lee's 过程工业中的损失预防》（Lee's Loss Prevention in the Process Industries）中的推荐，不同超压水平冲击波会对人体造成不同程度的伤害，见表 3-7。

表 3-7　超压冲击波对人体的伤害关系

超压/kPa	伤害情况	超压/kPa	伤害情况
7～20	人员轻微损伤	50～100	人员重伤，内脏受损严重时可能导致死亡
20～30	人体轻微挫伤	>100	大部分人员死亡
30～50	中等损伤，可能出现听觉受损、骨折、内脏出血等		

4. 事故场景设定

(1) 泄漏频率

国内外的研究学者都认为二氧化碳输送管道风险评估中假设的累计失效率的范围为(0.7~6.1)×10^{-4}次/(km·a)。该失效概率的范围较大，这是由于世界范围内的二氧化碳输送管道长度有限，而各地的管道保护和运行水平不一导致的。

结合国内实际，选取小孔、中孔、大孔和破裂4种泄漏孔径分析二氧化碳输送管道的泄漏事故，见表3-8。

表3-8 不同孔径尺寸对应的泄漏频率

孔径	范围/mm	代表值/mm	泄漏频率
小	0~5	5	6.1×10^{-4}
中	5~50	25.4	1.93×10^{-4}
大	50~150	100	1.4×10^{-4}
破裂	>150	300	0.7×10^{-4}

(2) 事故场景及工况

主要针对地上二氧化碳输送管道发生泄漏后的扩散区域展开研究。根据我国GB/T 6052—2011《工业液体二氧化碳》，主要确定二氧化碳浓度为18000mg/m^3时(约9162ppm)的影响范围。

采用PHAST软件进行后果研究，建立二氧化碳输送管道的模型，结合管道所在位置的温度、风速风向和大气稳定度构成的环境条件，模拟三种不同截断阀间距的二氧化碳输送管道，发生四种不同泄漏孔径的泄漏事故的后果，见表3-9。

表3-9 事故模拟场景

事故场景	截断阀间距	泄漏孔径	环境条件	风向
二氧化碳管道泄漏	7.9km 13.5km 14.9km	5mm 25.4mm 100mm 300mm	1.5m/s 风速F等级大气稳定度 2.7m/s 风速C等级大气稳定度 4.4m/s 风速C等级大气稳定度 6.7m/s 风速D等级大气稳定度 9.35m/s 风速D等级大气稳定度 12.3m/s 风速D等级大气稳定度	北 东北 东 东南 南 西南

5. 典型事故场景分析

（1）窒息伤害

围绕设定的事故场景，开展数值模拟计算工作，鉴于场景过多，选取截断阀间距 14. 9km 时，二氧化碳输送管道发生泄漏的事故场景进行说明。图 3-6 给出了二氧化碳输送管道在泄漏孔径为 5mm、25. 4mm、100mm 和 300mm 的二氧化碳输送管道泄漏下风向二氧化碳浓度的分布情况。

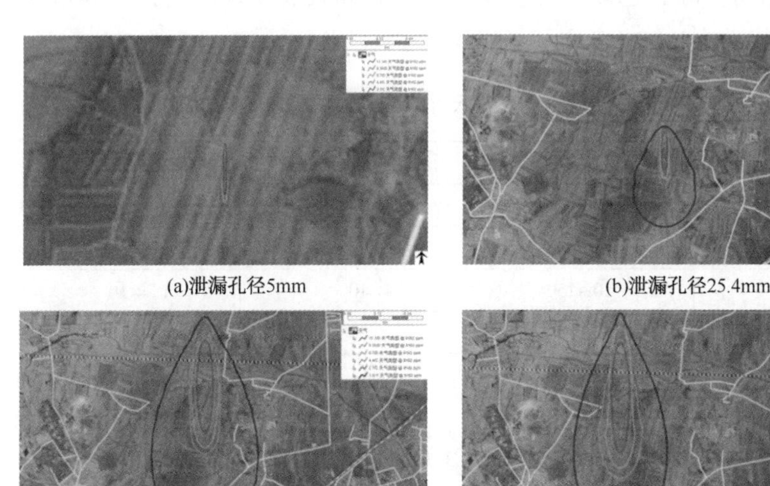

(a)泄漏孔径5mm　(b)泄漏孔径25.4mm　(c)泄漏孔径100mm　(d)泄漏孔径300mm

图 3-6　14. 9km 截断阀间距不同泄漏孔径下风向二氧化碳浓度分布

在图 3-6(a)、图 3-6(b)、图 3-6(c)、图 3-6(d)中，二氧化碳输送管道发生泄漏，达到 18000mg/m^3时(约 9162ppm)的最大下风距离分别为 54. 69m、327. 61m、843. 95m 和 772. 76m。人员暴露在此浓度范围内数小时后头痛加剧。

根据 PHAST 软件模拟结果，统计了在不同温度、风速及大气稳定度条件下，二氧化碳输送管道截断阀间距为 14. 9km、13. 5km 和 7. 9km 发生四种不同泄漏孔径的泄漏事故时，二氧化碳浓度达到 18000mg/m^3(约 9162ppm)的下风距离。具体如下：

① 对于地上二氧化碳输送管道，当截断阀间距为 14. 9km，发生泄漏孔径为 5mm、25. 4mm、100mm 和 300mm 的泄漏事故时，泄漏后浓度达到 18000mg/m^3(约 9162ppm)的下风距离随着泄漏孔径的增大以及风

速和大气稳定度的下降而不断增加，其最大下风距离依次为 54.69m、327.61m、843.95m 和 786.67m(表 3-10)。

表 3-10　截断阀间距为 14.9km 的后果统计

截断阀间距/km	泄漏孔径/mm	风速(m/s)/大气稳定度	至关注浓度的下风距离/m
14.9	5	1.5/F 天气类型	54.69
		2.7/C 天气类型	46.69
		4.4/C 天气类型	43.036
		6.7/D 天气类型	40.18
		9.35/D 天气类型	38.071
		12.3/D 天气类型	36.3
	25.4	1.5/F 天气类型	327.61
		2.7/C 天气类型	229.02
		4.4/C 天气类型	193.13
		6.7/D 天气类型	174.77
		9.35/D 天气类型	165.23
		12.3/D 天气类型	158.38
	100	1.5/F 天气类型	843.95
		2.7/C 天气类型	637.49
		4.4/C 天气类型	540.95
		6.7/D 天气类型	481.10
		9.35/D 天气类型	433.68
		12.3/D 天气类型	412.65
	300	1.5/F 天气类型	786.67
		2.7/C 天气类型	695.91
		4.4/C 天气类型	602.57
		6.7/D 天气类型	539.30
		9.35/D 天气类型	483.69
		12.3/D 天气类型	458.81

② 对于地上二氧化碳输送管道，当截断阀间距为 13.5km，发生泄漏孔径为 5mm、25.4mm、100mm 和 300mm 的泄漏事故时，泄漏后浓度达到 18000mg/m^3(约 9162ppm)的下风距离随着泄漏孔径的增大以及风速和大气稳定度的下降而不断增加，其最大下风距离依次为 54.69m、

327. 61m、823. 00m 和 772. 72m(表 3-11)。

表 3-11 截断阀间距为 13.5km 的后果统计

截断阀间距/km	泄漏孔径/mm	风速/大气稳定度	至关注浓度的下风距离/m
13.5	5	1.5/F 天气类型	54.69
		2.7/C 天气类型	46.69
		4.4/C 天气类型	43.03
		6.7/D 天气类型	40.18
		9.35/D 天气类型	38.07
		12.3/D 天气类型	36.3
	25.4	1.5/F 天气类型	327.61
		2.7/C 天气类型	229.02
		4.4/C 天气类型	193.13
		6.7/D 天气类型	174.77
		9.35/D 天气类型	165.23
		12.3/D 天气类型	158.38
	100	1.5/F 天气类型	823.00
		2.7/C 天气类型	619.43
		4.4/C 天气类型	526.33
		6.7/D 天气类型	467.68
		9.35/D 天气类型	422.52
		12.3/D 天气类型	402.16
	300	1.5/F 天气类型	772.76
		2.7/C 天气类型	669.06
		4.4/C 天气类型	578.29
		6.7/D 天气类型	517.29
		9.35/D 天气类型	464.7
		12.3/D 天气类型	441.59

③对于地上二氧化碳输送管道，当截断阀间距为 7.9km，发生泄漏孔径为 5mm、25.4mm、100mm 和 300mm 的泄漏事故时，泄漏后浓度达到 18000mg/m^3(约 9162ppm)的下风距离随着泄漏孔径的增大以及风速和大气稳定度的下降而不断增加，其最大下风距离依次为 54.69m、327.61m、673.26m 和 759.25m(表 3-12)。

表 3-12 截断阀间距为 7.9km 的后果统计

截断阀间距/km	泄漏孔径/mm	风速/大气稳定度	至关注浓度的下风距离/m
7.9	5	1.5/F 天气类型	54.69
		2.7/C 天气类型	46.69
		4.4/C 天气类型	43.03
		6.7/D 天气类型	40.18
		9.35/D 天气类型	38.07
		12.3/D 天气类型	36.3
	25.4	1.5/F 天气类型	327.61
		2.7/C 天气类型	229.02
		4.4/C 天气类型	193.13
		6.7/D 天气类型	174.77
		9.35/D 天气类型	165.23
		12.3/D 天气类型	158.38
	100	1.5/F 天气类型	673.26
		2.7/C 天气类型	499.16
		4.4/C 天气类型	427.89
		6.7/D 天气类型	380.15
		9.35/D 天气类型	346.95
		12.3/D 天气类型	331.87
	300	1.5/F 天气类型	759.25
		2.7/C 天气类型	639.28
		4.4/C 天气类型	551.83
		6.7/D 天气类型	493.52
		9.35/D 天气类型	444.71
		12.3/D 天气类型	422.89

由上述结果统计可以看出，当二氧化碳输送管道发生泄漏孔径为 5mm 和 25.4mm 泄漏事故时，三种不同截断阀间距的输送管道泄漏后浓度达到 18000mg/m^3(约 9162ppm)的下风距离都为 54.69m 和 327.61m，可见不同截断阀间距对二氧化碳输送管道小孔泄漏事故影响较小。但当二氧化碳输送管道发生泄漏孔径为 100mm 和 300mm 泄漏事故时，截断阀间距为 14.9km 和 13.5km 的输送管道泄漏后浓度达到 18000mg/m^3

（约 9162ppm）的下风距离远于截断阀间距为 7.9km 的输送管道 100m，可见不同截断阀间距对二氧化碳输送管道大孔径泄漏和完全破裂泄漏事故影响较大。

（2）低温伤害

在选定的大气环境下，模拟二氧化碳输送管道在不同泄漏孔径下的泄漏。由于管输高压状态下的二氧化碳的强节流效应导致泄漏孔周围环境温度的变化，以 5mm 孔径泄漏事故场景的结果为例。图 3-7 给出了二氧化碳输送管道发生在泄漏孔径为 5mm、25.4mm、100mm 和 300mm 的泄漏事故后泄漏孔下风向温度的分布情况。

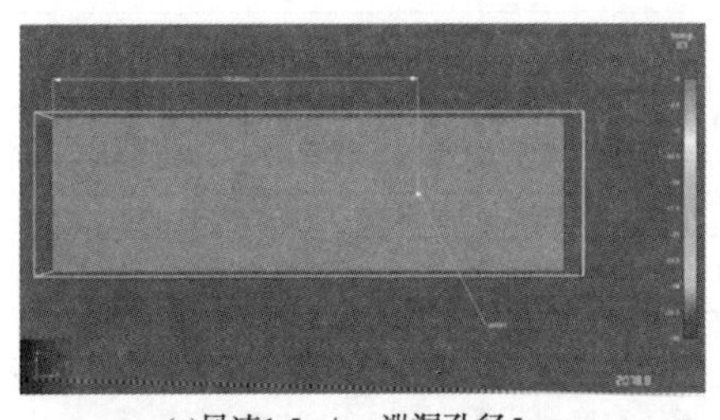

(a)风速1.5m/s，泄漏孔径5mm

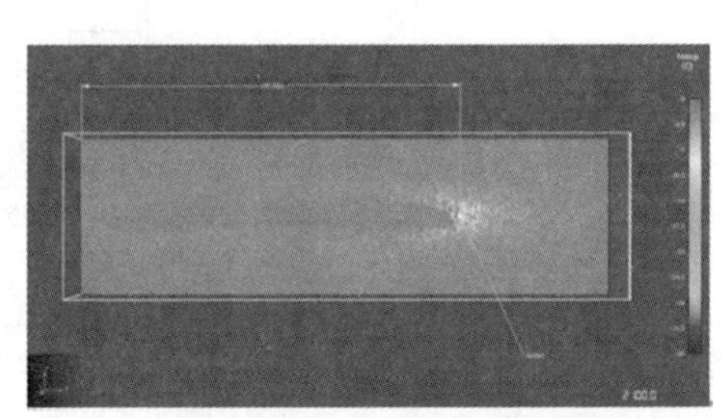

(b)风速1.5m/s，泄漏孔径25.4mm

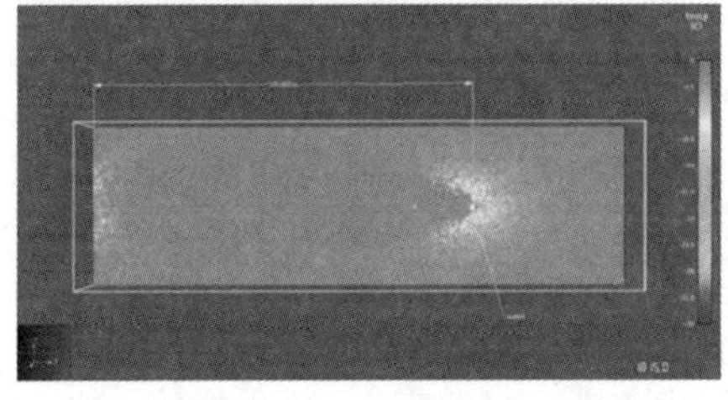

(c)风速1.5m/s，泄漏孔径100mm

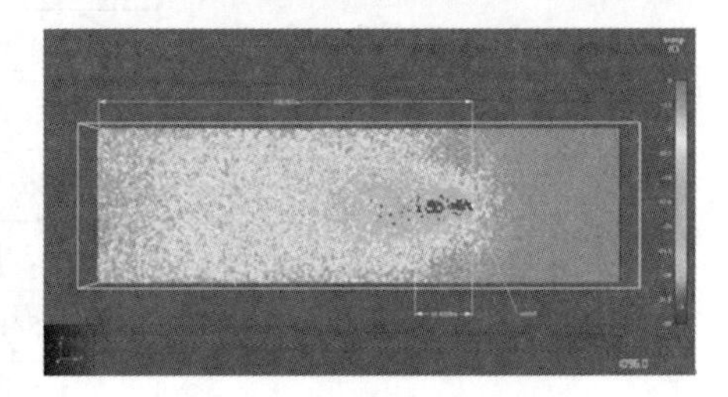

(d)风速1.5m/s，泄漏孔径300mm

图 3-7　二氧化碳输送管道不同泄漏孔径下泄漏孔周围环境温度分布

泄漏孔径为 5mm 和 25.4mm 时二氧化碳输送管道发生泄漏时，由于孔径较小，泄漏孔周围的环境最低温度为-4℃和-9℃。泄漏孔径为 100mm 时只有泄漏孔周围 1m 范围内的温度能够达到-35℃，人员在此范围内，有冻伤皮肤和眼睛的危险。当泄漏孔径为 300mm 时，泄漏孔下风向温度能够达到-35℃的距离为 15.42m。人员在此范围内，有冻伤皮肤和眼睛的危险。

根据模拟结果，统计不同温度和风速及大气稳定度条件下，二氧化碳输送管道发生泄漏事故，风寒温度达到-40℃的最大下风向距离，见表 3-13。

表 3-13　冻伤统计结果

风速/(m/s)	达到风寒温度-40℃的最大下风向距离/m
1.5	15.42
2.7	18.30
4.4	19.94
6.7	21.36
9.35	29.94
12.3	40.00

(3) 超压伤害

二氧化碳输送管道以 10MPa 高压进行输送，当高压二氧化碳管道泄漏时，大量二氧化碳直接由 10MPa 以上压力降至大气压，在巨大压差的作用下，二氧化碳以声速喷射而出。高速流体导致巨大的动能，对于直接受到冲击的人员会造成致命伤害。

研究二氧化碳输送管道泄放的压力变化常用的方法有实验研究和计算机软件模拟，但目前还没有一种模型可以完整地模拟二氧化碳从泄漏口到远场超压变化的全过程，主要原因是管输高压状态下二氧化碳的泄漏过程复杂，伴随着复杂的相变、传热传质和多相流动现象，因此借鉴大口径高压管道物理爆炸冲击波传播规律的试验研究所得出的超压衰减函数，可计算二氧化碳输送管道泄漏下风向压力衰减变化，见图 3-8。

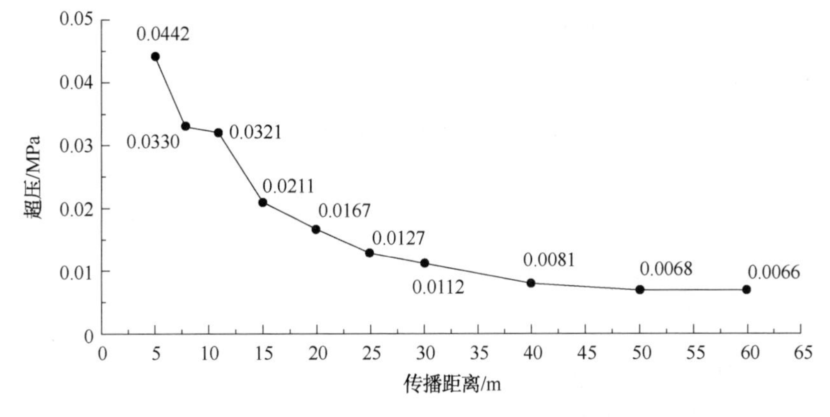

图 3-8　二氧化碳输送管泄漏下风向压力衰减曲线

从压力衰减变化可以看出，当二氧化碳输送管发生泄漏事故时，泄漏孔下风向 11m 以内的人员在超压冲击波的作用下身体会受到中等损

伤，可能出现听觉受损、骨折、内脏出血等；泄漏孔下风向 11～17m 的人员在超压冲击波的作用下身体会受到轻微挫伤；泄漏孔下风向 17～45m 的人员在超压冲击波的作用下身体会受到轻微损伤。

根据二氧化碳输送管泄漏下风向压力衰减曲线，统计二氧化碳输送管道发生泄漏事故不同超压水平的影响距离及超压冲击波对人体的伤害，见表 3-14。

表 3-14　不同超压水平的影响距离及超压冲击波对人体的伤害

超压/kPa	下风向距离/m	对人体的伤害
30～50	<11	中等损伤，可能出现听觉受损、骨折、内脏出血等
20～30	11～17	轻微挫伤
7～20	17～45	轻微损伤

6. 输送管道定量风险评估

综合考虑二氧化碳输送管道三种截断阀间距、四组泄漏孔径、六组环境条件和八个风向等环境条件，建立基于 SAFETI 的数值模型，采用输送管道模型研究二氧化碳管道泄漏后的浓度达到 18000mg/m^3（约 9162ppm）时的风险分布。

由 SAFETI 计算结果，根据 ALARP 原则、GB 36894—2018《危险化学品生产装置和储存设施风险基准》以及广泛接受的风险可接受标准，截断阀间距为 14.9km、13.5km 和 7.9km 的地上二氧化碳输送管道，在发生不同泄漏孔径的泄漏事故时，三种不同截断阀间距的二氧化碳管道对不同等级防护目标的最大安全防护距离如表 3-15 所示。

表 3-15　最大安全防护距离

防护目标	最大安全防护距离/m		
	截断阀间距 14.9km	截断阀间距 13.5km	截断阀间距 7.9km
高敏感防护目标（如学校、医院、幼儿园、养老院等）； 重要防护目标（如党政机关、军事管理区、文物保护单位等）； 一般防护目标中的一类防护目标	93.34	89.6	77.15
一般防护目标中的二类防护目标	67.33	64.46	51.44
一般防护目标中的三类防护目标	17.34	16.85	16.36

① 截断阀间距为 14.9km 时，地上二氧化碳管道发生泄漏，对高敏感防护目标、重要防护目标和一般防护目标中的一类防护目标，二氧化碳管道泄漏安全防护距离为距泄漏所在位置 93.34m。对于一般防护目标中的二类防护目标，二氧化碳管道泄漏安全防护距离为距泄漏所在位置 67.33m。对于一般防护目标中的三类防护目标，二氧化碳管道泄漏安全防护距离为距泄漏所在位置 17.34m。

② 截断阀间距为 13.5km 时，地上二氧化碳管道发生泄漏，对高敏感防护目标、重要防护目标和一般防护目标中的一类防护目标，二氧化碳管道泄漏安全防护距离为距泄漏所在位置 89.6m。对于一般防护目标中的二类防护目标，二氧化碳管道泄漏安全防护距离为距泄漏所在位置 64.46m。对于一般防护目标中的三类防护目标，二氧化碳管道泄漏安全防护距离为距泄漏所在位置 16.85m。

③ 截断阀间距为 7.9km 时，地上二氧化碳管道发生泄漏，对高敏感防护目标、重要防护目标和一般防护目标中的一类防护目标，二氧化碳管道泄漏安全防护距离为距泄漏所在位置 77.15m。对于一般防护目标中的二类防护目标，二氧化碳管道泄漏安全防护距离为距泄漏所在位置 51.44m。对于一般防护目标中的三类防护目标，二氧化碳管道泄漏安全防护距离为距泄漏所在位置 16.36m。

7. 结论

（1）最大安全防护距离

针对二氧化碳输送管道，根据 AQ/T 3046—2013《化工企业定量风险评价导则》推荐的评估单元选择方法——设备选择数法的计算，确定二氧化碳输送管道存在的重大安全风险隐患及其分布情况，进而建立重大安全风险的评估单元，划分 7.9km、13.5km 和 14.9km 的二氧化碳输送管道以及截断阀为评估单元，确定事故场景，包括二氧化碳管道泄漏扩散窒息伤害、二氧化碳管道泄漏低温伤害和二氧化碳管道泄漏超压伤害。

基于 SAFETI & PHAST 软件，分评估单元，面向可能导致泄漏的二氧化碳输送管道和截断阀进行泄漏模拟。一方面，进行三种截断阀间距、四组泄漏孔径、六组环境条件和八个风向下的事故后果模拟，量化分析由二氧化碳泄漏事故导致的影响范围和人员伤害情况；另一方面，采用事故案例分析和文献标准推荐的方法量化分析二氧化碳泄漏事故的发生概率，并建立基于 SAFETI 的数值模型，采用输送管道模型研究二氧化碳管道泄漏后的浓度达到 18000mg/m^3(约 9162ppm)时的风险分布。

由 PHAST 计算结果可知，对于地上的二氧化碳管道，当截断阀间距为 7.9km、13.5km 和 14.9km，发生泄漏孔径为 5mm、25.4mm、100mm 和 300mm 的泄漏事故时，泄漏后浓度达到 18000mg/m^3(9162ppm)的下风距离随着风速及大气稳定度的下降而不断增加，在不同风速及大气稳定度的条件下最大下风距离分别为 54.69m、327.61m、843.95m 和 786.67m。如发生二氧化碳管道泄漏，可据此确定公众影响范围。

由于二氧化碳管道泄漏的强节流效应，导致泄漏孔周围的温度急剧降低，一旦人员暴露在此范围内，就会发生接触性冻伤事故。当环境风速为 1.5m/s、2.7m/s、4.4m/s、6.7m/s、9.35m/s 和 12.3m/时，泄漏孔下风向风寒温度达到 -40℃ 的最大距离依次为 15.42m、18.30m、19.94m、21.36m、29.94m 和 40.00m。根据二氧化碳输送管泄漏下风向压力衰减曲线可知，当二氧化碳管道发生泄漏时下风向超压冲击波达到 30kPa、20kPa 和 7kPa 的距离依次为 11m、17m 和 45m。如果发生二氧化碳管道泄漏事故，需防范 40m 范围内的低温和 45m 范围内的冲击波伤害。

(2) 建议措施

根据管道泄漏后果分析和定量风险评估结论对二氧化碳输送管道提出如下建议措施：

① 管道发生泄漏事故时，需要对泄漏点所在区域内的人员进行快速疏散。从管道泄漏出的二氧化碳，会在相对低洼地段长时间累积，人员疏散时应避免经过低洼地段，救援人员需防范窒息。

② 根据低温伤害和超压伤害后果分析，二氧化碳输送管道发生泄漏事故时，需防范泄漏点 40m 范围内的低温伤害和 45m 范围内的冲击波伤害。救援人员需注意防寒并防范超压伤害。

③ 根据二氧化碳输送管道定量风险结果，为了保证沿线居民的安全，在 18000mg/m^{3}二氧化碳浓度影响范围内，建议在沿线村庄和企业

设置广播报警系统，在管道泄漏检测和监测系统发出泄漏报警或接到其他形式的泄漏报警后，立即启动广播报警系统，及时通报有关信息并视情况决定是否撤离。

④ 严格监控管道压力和温度，保障管道平稳运行，避免由于二氧化碳相态变化造成的管内流动问题，如气液两相流，以及在冬季低温条件下，可能存在的局部管道温度过低造成管内二氧化碳结晶。

⑤ 根据现场踏勘，整体规划管道路径，确保管道与高敏感防护目标距离满足有关要求。

三、建设期注意事项

建设单位应做好安全专篇的设计、审查及完工后的各项验收工作，确保各项安全设施与主体工程同时设计、同时施工、同时投入使用。建设单位应做好竣工资料的验收工作，保证竣工资料准确无误，能准确反映工程建设情况。

严格挑选施工队伍，施工单位应具有丰富的输送管道施工经验且具有安装相应类别级别压力管道的资格，取得压力管道安装许可证，建立质量保证体系，确保管道施工质量。建设单位施工期间加强用火、动土、用电等方面的管理，提前做好应急预案，避免出现安全事故。对于识别出的高后果区，应作为重点关注区域。试压及投产阶段应对高后果区管段重点检查，制定针对性预案，做好沿线宣传并采取安全保护措施。

存在交叉施工作业时，一边生产、一边建设存在交互作业风险，具有动火施工频繁、火灾爆炸危险性大和不安全因素多的特点。改建站场施工过程中可能对已建站场安全运行造成一定的影响，管道施工时，有可能对已建站场设备设施造成破坏。为了确保本管道安全建设、安全运行，同时保障已建站场设备设施的安全，当扩建站场的施工时，在管道的线位站场确定、管道施工方案制定、管道应急预案编制及管道维抢修作业等方面，都要与已建单位进行密切协作和沟通，确保施工安全。

当穿(跨)越其他油气管道或者在管道线路中心线两侧 200m 和管道附属设施周边 500m 地域范围内，实施爆破、地震法勘探或者工程挖掘、工程钻探、采矿等施工作业时，施工单位应当在开工的 7 日前书面通知管道单位，将施工作业方案报管道单位，并与管道单位共同制定应急预案，采取相应的安全防护措施，管道单位应当指派专人到现场进行管道安全保护指导。

在设计及施工中，密切关注沿线地区等级变化及人口密集程度等变化，及早与地方规划部门协调并及时优化调整；对非并行段进一步优化，以便于以后管道的运行管理。在管道施工前，按照相关标准，与河流主管部门进行对接，就施工方案、实施过程监督、工程验收等事宜协商一致并签订有关工作协议。

四、运营期注意事项

现场埋地管道与多条管线交叉，高压线易对附近埋地金属管道产生交流杂散电流干扰影响。运营单位要加强对干扰防护排流设施的管理，管道运行后要进行详细的测试、评估，确定是否需进行二次设计、施工。对管道定期巡检，要制定合理的巡检频次，对重点区域加强巡检，杜绝管道破坏或占压情况的发生。加强同当地政府、应急管理部门、公安、城建规划、公路、气象及水文等部门保持密切联系，并依托地方力量，形成企业、工农联防联保机制。对于在演练时应邀约地方政府、周边(相邻)企业、居民配合的内容，要做好风险告知，并加强对应急物资与器材的维护保养，确保随时可用。

从事管道完整性管理的相关人员应掌握相应技能，并通过培训和考核。从业人员应熟悉液态二氧化碳的理化特性及应急处置措施，并定期参加压力容器安全培训。

运营单位应与高压线运营单位建立沟通联动机制，在高压线(特别是高压直流输电线路)检修、故障时，接地极运营单位应第一时间通知管道运营单位，管道运营单位应加强对干扰段管道的监测、巡视，以确定是否存在干扰并及时采取应对措施。

将管道存在的风险和应急要求进行公众宣传，同时向公众提供管道企业联系方式，如电话号码、电子邮箱等。管道运营期周期性地进行高后果区识别，识别时间间隔最长不超过 18 个月。当管道及周边环境发生变化，要及时进行高后果区更新。严格监控管道压力和温度，保障管道平稳运行，避免由于二氧化碳相态变化造成的管内流动问题，如气液两相流，以及在冬季低温条件下，可能存在的局部管道温度过低造成的管内二氧化碳结固情况。

存在第三方破坏、管道占压的可能性，建议管道运营期间加强管道巡检，制定合理的巡检频次，密切注意县区发展，针对可能发生的风险制定相应的抢险预案，确保管道的安全运行。管道发生泄漏事故时，需要对泄漏点所在区域内的人员进行快速疏散。从管道泄漏出的二氧化碳，会在相对低洼地段长时间累积，人员疏散时应避免经过低洼地段，救援人员需防范窒息。根据低温伤害和超压伤害后果分析，二氧化碳输送管道发生泄漏事故时，需防范泄漏点的冲击波伤害，救援人员需注意防寒并防范超压伤害。

项目建成投产后要做好下列应急管理工作：

（1）预案中应包括二氧化碳管道泄漏、二氧化碳管道破裂、电力中断事故、自控及通信系统故障、自然灾害等。

（2）应急计划实施中，需要注意补充应急救援终止后对事故的总结、事故调查和应急预案的改进。

（3）应急预案编制完成后，应进行评审，并按照规定要求报有关部门备案。

（4）应定期对职工进行应急预案培训和演练，并做好详细记录。

（5）应急预案、应急演练与当地政府应急预案衔接。

（6）根据泄漏点大小、运行压力、风向等情况确定管道周边进行警戒的范围，不允许人员、车辆等进入。

（7）与维抢修单位签订协议，建立维抢修的应急响应机制。

第四章

碳捕集、利用与封存安全管理

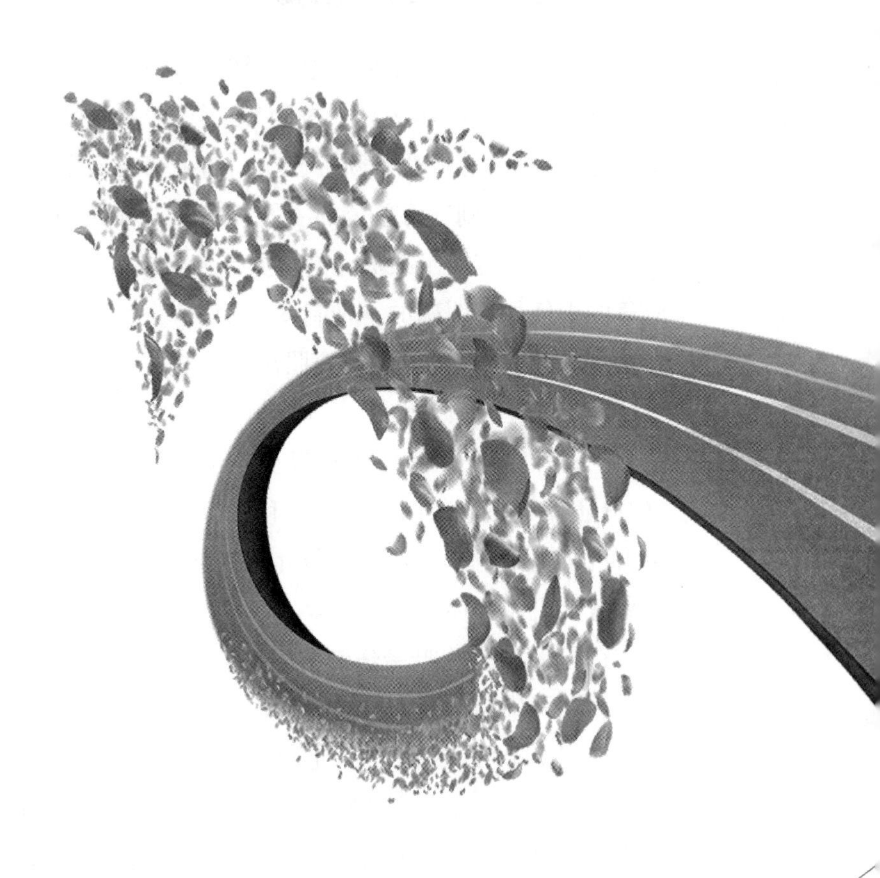

第一节　安全生产规章制度

安全生产规章制度是以全员安全生产责任制为核心的，用以指引和约束人们在安全生产方面的行为，是安全生产的行为准则。其作用是明确各岗位安全职责、规范安全生产行为、建立和维护安全生产秩序。CCUS 安全生产规章制度建设与生产经营单位通用安全生产规章制度建设的要求相同，一般包括全员安全生产责任制、安全生产管理制度和安全操作规程。

一、全员安全生产责任制

全员安全生产责任制是生产经营单位最基本的安全生产规章制度，是根据安全生产法律法规，按照“安全第一、预防为主、综合治理”的安全方针以及“管行业必须管安全、管业务必须管安全、管生产经营必须管安全”的原则，将单位的主要负责人与其他负责人、职能部门及其工作人员、工程技术人员和岗位操作人员在安全生产方面应做的事情及应负的责任加以明确的一种制度。

CCUS 生产经营单位应按照法律法规的要求，结合不同的业务、层级、岗位建立全员安全生产责任制，细化安全职责，梳理规范各层级安全生产责任清单。通过建立健全全员安全生产责任制，进一步明确 CCUS 生产经营单位内部各部门和岗位的安全生产责任范围和边界，避免出现职责不清、相互推诿和责任真空的现象。同时建立安全生产责任监督考核机制，促进全员安全生产责任制有效落实。

1. 全员安全生产责任制的编制方法

(1) 明确岗位及人员设置

梳理本单位组织机构，定岗定员，确定安全生产管理机构，包括安全生产委员会或安全生产领导小组、专门的安全管理部门或负有安全管理职能的部门。确定横向部门，包括安全管理、行政、规划、人力资源、财务、生产、设备、基建、纪检、工会等部门；确定纵向岗位、人员，包括领导层、管理层和操作层。

(2) 明确安全职责范围及内容

安全责任包括法定责任和自定责任。

① 法定责任是按照相关法律法规要求确定的安全职责。例如，生产经营单位法定代表人是生产经营单位安全生产的第一责任人，对生产经营单位的安全生产负全面领导责任；分管安全生产的生产经营单位负责人，负主要领导责任；分管业务工作的负责人，对分管范围内的安全生产负直接领导责任；车间、班组的负责人对本车间、本班组的安全生产负全面责任；各职能部门在各自业务范围内，对业务范围内的安全生产负责。

② 自定责任是生产经营单位根据安全管理实际情况，为有效管控危险源及安全风险，开展隐患排查和治理，遏制生产安全事故发生所需设定的部门、岗位、人员职责，除法定责任以外其他内容均为自定责任。

(3) 明确责任考核

① 考核办法

在安全生产责任制中明确考核办法，或者编制专门的安全生产责任制考核管理办法。

② 考核分工

a. 主要负责人牵头，对全员安全生产责任落实情况全面负责。

b. 安全生产管理机构组织实施，具体负责全员安全生产责任制的监督和考核工作。

c. 工会、审计等相关职能部门协助，监督全员安全生产责任制考核工作的落实。

d. 其他部门参与，配合全员安全生产责任制考核工作的实施。

③ 考核目的

a. 分管负责人是否把安全生产与业务工作同研究、同部署、同督促、同检查、同考核。

b. 各部门负责人是否同检查、同督促，落实相关安全管理职责。

c. 各岗位人员是否落实相关职责，落实相关操作规程。

④ 考核频次及结果应用

每年至少进行一次考核，考核结果作为本单位安全生产奖惩的重要依据。

（4）注意事项

① 当法律法规、生产经营单位管理架构、岗位设置调整，或从业人员变动时，经营单位应当及时修订全员安全生产责任制，以适应安全生产工作的需要。

② 全员安全生产责任制编制应内容全面、要求清晰、操作方便，各岗位的责任人员、责任范围及相关考核标准一目了然，便于落实。

③ 全员安全生产责任制并不等同于安全生产责任书，不能以签订安全生产责任书代替制定全员安全生产责任制。

2. 安全生产责任制编写框架和示例

（1）安全生产责任制编写框架

① 总则

本部分编写重点：

a. 明确建立安全生产责任制的目的，如强化全员安全责任、预防事故等。

b. 明确建立依据，如《安全生产法》等法律法规。

c. 明确建立原则，如管业务必须管安全、谁主管谁负责、一岗双责等。

② 安全管理领导机构

本部分编写重点：

a. 明确本单位成立的安全管理领导机构，如安全生产委员会、安全生产领导小组等。

b. 明确安全管理领导机构的组成及职责。

c. 明确安全管理领导机构的办公机构及职责。

③ 领导层岗位人员安全责任

本部分编写重点：

a. 明确领导层岗位人员，如主要负责人、分管生产工作负责人、安全总监、分管行政负责人、分管财务负责人、分管业务负责人等。

b. 根据法定责任，结合管辖业务范围，制定各岗位人员安全生产责任。

④ 管理层和操作层岗位人员安全责任

本部分编写重点：

a. 明确管理层岗位人员，如职能部门负责人、其他负责人、专兼职安全管理人员、设备管理人员、基建管理人员、消防管理人员、安全管理人员、班组长、其他管理人员等。

b. 明确操作层岗位人员，如生产线作业人员、特殊作业人员(电工、焊工、有限空间作业人员，消防控制室值班人员等)、库房保管员、保洁、保安、实习学生、劳务派遣人员、其他作业人员。

c. 根据法定责任，结合管辖范围、安全风险等，制定各岗位人员安全生产责任。

⑤ 各部门安全责任

本部分编写重点：

a. 明确本单位安全管理部门或负有安全管理职能的部门、其他各职能部门。

b. 编制安全管理部门、其他职能部门安全责任，包括负责落实本部门安全生产责任制，分管领导落实安全生产工作，法定责任，结合本单位安全管理实际需要制定的其他职责。

⑥ 安全生产责任考核

本部分编写重点：

a. 明确考核目的，如检查责任落实情况，促进全员安全生产责任制有效落实等。

b. 明确责任分工，包括考核组织、协助、参与、结果确定等部门、人员责任。

c. 明确考核方法，包括考核指标、如何打分。

d. 明确考核要点，包括分管负责人是否将安全生产与业务工作同研究、同部署、同督促、同检查、同考核；各部门负责人是否同检查、同督促，落实相关安全管理职责；各岗位人员是否落实相关职责，落实相关操作规程。

e. 明确考核频次，如每年至少考核一次。

f. 考核结果运用，如考核结果转交至人力资源部门，作为本年度个人绩效考核指标。

(2) 经营管理人员安全生产责任制示例

① 党委书记安全职责

a. 按照“党政同责、一岗双责、齐抓共管、失职追责”原则，对本单位的安全生产工作负有领导责任，是本单位安全生产第一责任人。

b. 建立健全并落实本单位全员安全生产责任制，组织制定并实施安全生产规章制度和操作规程。认真学习贯彻党和各级政府关于加强安全生产工作的部署和要求，结合本单位具体实际提出贯彻落实的意见和措施。

c. 把安全生产工作纳入党委重要议事日程，定期听取安全生产工作汇报，每年度向职工代表大会、职工大会报告安全生产情况，监督保障本单位安全生产工作重大事项的落实，保证本单位安全生产投入的有效实施。

d. 从组织上加强对安全生产工作的领导和支持，严格要求各级领导人员和各业务部门履行安全生产职责，开展隐患排查治理工作，发动党委工作部门、工会、团委等积极开展安全生产相关活动。

e. 组织制定并实施本单位安全生产教育和培训计划，按照要求参加政府部门组织的安全教育培训，并取得相关证件。

f. 组织建立并落实安全风险分级管控和隐患排查治理双重预防工作机制，负责管控重大风险，督促、检查本单位的安全生产工作，及时消除生产安全事故隐患，每季度至少参加一次本单位组织的安全检查。

g. 强化安全生产管理机构建设和管理干部队伍建设，从机构设置、干部配备等方面加大力度，依法设置安全生产管理机构并配备安全生产管理人员，加强安全生产队伍的培训和监督管理。

h. 依法开展安全生产标准化建设、安全文化建设和班组安全建设工作，加强安全生产宣传教育和舆论引导工作，将安全生产纳入党委的宣传思想工作之中，领导和督促宣传部门积极做好安全生产宣传教育，引导广大职工全面参与、主动支持安全生产工作。

i. 加大安全生产工作责任追究力度，按照干部管理权限，纪检监察部门对在安全生产工作中的违纪行为进行查处，并按照相关规定对党员干部进行责任追究。

j. 把安全生产工作纳入考核评价体系，加大安全生产工作在生产经营单位考核评价、领导干部业绩考核、任职考察等考核体系中的权重，严格考核奖惩，强化激励约束作用，在对领导人员提拔任用工作中落实安全生产“一票否决”制度。

k. 组织制定并实施生产安全事故应急救援预案，建立应急队伍，定期组织训练演练，按照标准配备应急物资。

l. 一旦发生事故，及时、如实向属地应急管理部门、行业主管部门报告生产安全事故，组织事故抢救。

m. 承担相关法律、法规、规章规定和本单位相关制度中规定的其他职责。

② 总经理安全职责

a. 按照“党政同责、一岗双责、齐抓共管、失职追责”的原则，对本单位的安全生产工作全面负责，是本单位安全生产第一责任人。

b. 负责贯彻落实国家、地方政府有关安全生产的方针政策、法律法规和标准、规范及生产经营单位安全生产规章制度等。

c. 建立、健全并督促落实全员安全生产责任制。

d. 组织制定安全生产规章制度和操作规程并批准发布，督促安全生产规章制度和操作规程的落实。

e. 建立安全生产目标，组织逐级签订安全生产责任书，建立考核奖惩机制。

f. 组织制定安全生产教育和培训计划并审批，组织各部门按照计划实施安全生产教育和培训，按照要求参加政府部门组织的安全教育培训，并取得相关证件。

g. 按照规定建立健全安全生产管理机构、配备专兼职安全生产管理人员。

h. 审批安全投入预算，保证安全生产投入的有效实施。

i. 每季度至少召开一次安全生产委员会会议，研究和审查有关安全生产的重大事项，协调本单位各相关机构安全生产工作事宜。

j. 保证建设项目安全设施、消防设施和职业病防护设施与主体工程同时设计、同时施工、同时投入生产和使用。

k. 组织建立并落实安全风险分级管控和隐患排查治理双重预防工作机制，负责管控重大风险，督促、检查本单位的安全生产工作，及时消除生产安全事故隐患，每季度至少参加一次本单位组织的安全检查。

l. 依法开展安全生产标准化建设、安全文化建设和班组安全建设工作。

m. 加强本单位动火作业、临时用电作业、受限空间(有限空间)作业、高空作业、盲板抽堵作业、吊装作业、动土作业、断路作业、设备检修等特殊作业管理。

n. 每年向职工代表大会或者职工大会报告安全生产工作情况。

o. 组织制定并实施生产安全事故应急救援预案，建立应急队伍，定期组织训练演练，按照标准配备应急物资。

p. 一旦发生事故，及时、如实向属地应急管理部门、行业主管部门报告生产安全事故。

q. 承担相关法律、法规、规章规定和本单位相关制度中规定的其他职责。

③ 分管安全领导岗位安全职责

a. 协助主要负责人开展安全生产日常管理工作，对本单位的安全生产工作组织实施、综合管理和日常监督负有直接领导责任。

b. 负责贯彻落实国家、地方政府有关安全生产的方针政策、法律法规和标准、规范及生产经营单位安全生产规章制度等。

c. 协助主要负责人建立健全全员安全生产责任制、安全生产规章制度和安全操作规程，并督促实施。

d. 协助主要负责人建立健全本单位安全生产责任制绩效考核机制，考核与监督本单位各部门、各岗位履行安全生产责任制情况。

e. 建立安全生产目标，组织分管范围内逐级签订安全生产责任书。

f. 组织制定并实施安全生产教育和培训计划，按照要求参加政府部门组织的安全教育培训，并取得相关证件。

g. 协助主要负责人组织开展安全生产宣传教育培训工作，按照要求参加政府部门组织的安全教育培训，并取得相关证件。

h. 审核安全投入预算，保证安全生产投入的有效实施。

i. 负责组织召开安全生产工作会议，总结和部署安全生产工作；定期预判、评估安全生产状况，研究解决安全生产问题，定期向安全生产委员会和主要负责人报告工作。

j. 负责组织对建设项目安全设施、消防设施和职业病防护设施与主体工程同时设计、同时施工、同时投入生产和使用的安全管理。

k. 协助主要负责人建立落实安全生产风险分级管控制度，并负责职责范围内的较大风险的管控工作，辨识安全风险，确定风险等级，制定管控措施，并定期检查更新。

l. 协助主要负责人组织制定生产安全事故隐患排查治理制度，每月至少全面检查一次安全生产工作，对查出的事故隐患及时督促整改。

m. 组织制定本单位外来施工作业安全管理制度，监督检查本单位对承包、承租单位安全生产资质、条件的审核工作，督促承包、承租单位履行安全生产职责。

n. 组织制定本单位动火作业、临时用电作业、受限空间(有限空间)作业、高空作业、盲板抽堵作业、吊装作业、动土作业、断路作业、设备检修等特殊作业管理制度，并监督落实。

o. 对从业人员违反安全生产管理制度和安全操作规程的行为，经批评教育拒不整改的，提出处理意见并监督落实。

p. 监督指导本单位生产安全事故应急预案演练与修订工作，建立应急队伍，定期组织或者参与本单位应急救援演练，按照标准配备应急物资。

q. 发生安全事故时，按照事故报告规定和事故处理原则，组织事故调查、处理等工作。

r. 承担相关法律、法规、规章规定和本单位相关制度中规定的其他职责。

④ 分管生产领导岗位安全职责

a. 对分管工作范围内的安全生产工作负直接领导责任，按照“一岗双责”的要求，协助本单位党政主要负责人做好职责范围内的安全生产工作，支持分管安全副总抓好相关工作。

b. 组织贯彻落实分管工作范围内相关安全生产法律法规和有关安全生产决策部署要求，执行安全生产规章制度和操作规程，并进行监督检查。

c. 组织落实分管工作范围内构成重大风险的特殊作业安全措施。

d. 组织审核年度安全投入资金预算，做到专款专用，并监督执行。

e. 研究部署分管范围内的安全生产工作，及时提请研究安全生产突出问题，组织制定解决方案，协调有关工作。

f. 督促、指导分管部门建立落实安全生产责任制。

g. 督促、指导分管部门对生产现场的安全管理，包括危险化学品、生产设备设施、消防、电气、行为规范等。

h. 督促、指导生产车间开展班组安全活动。

i. 组织落实分管领域的安全风险分级管控和隐患排查治理措施，管控分管领域较大风险，组织开展分管工作范围内的安全生产检查，督促抓好分管工作范围内涉及的安全生产重点工作，并监督问题隐患的整改落实。

j. 发生与分管工作相关的安全事故时，按照有关规定组织救援或提供相应的技术支持，督促分管部门积极支持配合事故调查处理工作。

k. 承担相关法律、法规、规章规定和本单位相关制度中规定的其他职责。

⑤ 分管设备领导岗位安全职责

a. 对分管工作范围内的安全生产工作负直接领导责任，按照“一岗双责”的要求，协助本单位党政主要负责人做好职责范围内的安全生产工作，支持分管安全副总抓好相关工作。

b. 组织贯彻落实分管工作范围内相关安全生产法律法规和有关安全生产决策部署要求，执行安全生产规章制度和操作规程，并进行监督检查。

c. 组织落实分管工作范围内构成重大风险的特殊作业安全措施。

d. 组织审核年度安全投入资金预算，做到专款专用，并监督执行。

e. 研究部署分管范围内的安全生产工作，及时提请研究安全生产突出问题，组织制定解决方案，协调有关工作。

f. 督促、指导分管部门建立落实安全生产责任制。

g. 督促、指导分管部门对本单位设备设施包括特种设备采购的安全管理，确保设备设施安全装置齐全有效。

h. 督促、指导分管部门设备设施（含特种设备）登记备案、定期检验、维保检修工作。

i. 组织落实分管领域的安全风险分级管控和隐患排查治理措施，管控设备领域较大风险，组织开展分管工作范围内的安全生产检查，督促抓好分管工作范围内涉及的安全生产重点工作，并监督问题隐患的整改落实。

j. 发生与分管工作相关的安全事故时，按照有关规定组织救援或提供相应的技术支持，督促分管部门积极支持配合事故调查处理工作。

k. 承担相关法律、法规、规章规定和本单位相关制度中规定的其他职责。

⑥ 分管规划基建领导岗位安全职责

a. 对分管工作范围内的安全生产工作负直接领导责任，按照“一岗双责”的要求，协助本单位党政主要负责人做好职责范围内的安全生产工作，支持分管安全副总抓好相关工作。

b. 组织贯彻落实分管工作范围内相关安全生产法律法规和有关安全生产决策部署要求，执行安全生产规章制度和操作规程，并进行监督检查。

c. 组织落实分管工作范围内构成重大风险的特殊作业安全措施。

d. 组织落实分管领域的安全风险分级管控和隐患排查治理措施，组织开展分管工作范围内的安全生产检查，督促抓好分管工作范围内涉及的安全重点工作，并监督问题隐患的整改落实。

e. 研究部署分管范围内的安全生产工作，及时提请研究安全生产突出问题，组织制定解决方案，协调有关工作。

f. 督促、指导分管部门建立落实安全生产责任制。

g. 督促、指导新、改、扩建工程项目的“三同时”管理，落实安全设施、职业病防护设施、消防设施等相关安全法律法规要求。

h. 组织分管部门制定具有安全发展理念的规划项目。

i. 承担相关法律、法规、规章规定和本单位相关制度中规定的其他职责。

(3) 专业技术人员安全生产责任制示例

① 安全总监岗位安全职责

a. 专职负责本单位安全生产管理工作，对本单位的安全工作负直接领导责任。

b. 组织贯彻落实安全生产有关方针政策、法律法规、规章制度和标准规范，执行安全生产规章制度和操作规程，并进行监督检查。

c. 落实上级业务部门与本单位安全生产委员会工作部署，应担任本单位安全生产委员会办公室主任，履行相应职责。

d. 参加上级安全生产委员会办公室组织的履职能力培训，取得相关资格证。

e. 协助主要负责人综合协调管理本单位安全生产工作，建立健全本单位安全管理体系、全员安全生产责任制和安全生产规章制度，监督落实。

f. 依靠本单位安全生产管理机构开展安全生产工作，定期向主要负责人汇报履职工作情况。

g. 协助主要负责人每年向从业人员通报安全生产工作情况，监督落实本单位年度安全生产工作计划及重点工作。

h. 协助主要负责人组织开展安全生产宣传教育培训工作，监督落实培训计划。

i. 组织或协调建立健全安全风险分级管控和隐患排查治理双重预防工作机制，督促各层级全面识别风险、排查隐患，制定防范、治理措施。

j. 列席本单位领导班子会，汇报安全管理体系运行问题，参与本单位生产经营决策，对是否符合安全生产法律、法规、规章、标准和本单位安全生产规章制度要求，提出意见建议。

k. 有权阻止和纠正本单位违反安全生产制度和安全操作规程的决定和行为，发现直接危及从业人员人身安全的紧急情况时，有权作出停止作业或者在采取可能的应急措施后撤离作业场所的决定，并及时向主要负责人报告。

l. 协助主要负责人建立健全本单位安全生产责任制奖惩考核机制，考核与监督本单位各部门、各岗位履行安全生产责任制情况，行使考核奖惩权利。对从业人员违反安全生产管理制度和安全操作规程的行为，经批评教育拒不整改的，提出处理意见并监督落实。

m. 对本单位职务晋升、表彰奖励候选人履行安全生产职责情况提出意见建议。对本单位安全生产考核行使“一票否决权”。

n. 监督指导本单位生产安全事故应急预案的制定、修订、审查和演练；抓好事故、事件、异常信息的管理工作。

o. 其他职责。承担相关法律、法规、规章规定和本单位相关制度中规定的其他职责。

② 专职安全管理人员安全职责

a. 负责本单位日常安全监督管理工作。

b. 负责编制全员安全生产责任制，并定期组织考核。

c. 组织编制、修订本单位安全生产规章制度，并监督检查安全生产规章制度的执行情况。

d. 负责制定年度安全教育培训计划并组织实施，组织新职工公司级安全生产教育和培训，如实记录安全生产教育和培训情况，组织开展安全月等各项安全活动。

e. 提出本单位年度安全工作计划和安全投入预算计划，并组织实施，落实本部门安全费用的投入，建立费用使用情况台账，监督本单位安全费用的投入使用。

f. 参加新、改、扩建工程项目的“三同时”监督，使其符合职业安全卫生技术要求。

g. 监督劳动防护用品的采购、发放、使用和管理。

h. 监督检查本单位对承包、承租单位安全生产资质、条件的审核工作，督促检查承包、承租单位履行安全生产职责。

i. 建立安全风险分级管控机制，开展安全风险辨识、评价，制定风险管控措施，监督风险管控措施的落实情况。

j. 组织本单位安全检查，及时排查事故隐患，提出改进安全生产管理的建议，督促有关部门落实安全生产整改措施。

k. 制止和纠正违章指挥、强令冒险作业、违反操作规程的行为。

l. 督促本单位其他机构和人员履行安全生产职责，组织或者参与安全生产考核，提出奖惩意见。

m. 组织本单位内生产安全事故应急预案的编制和演练工作，成立应急救援队伍，定期组织培训和训练，对应急演练开展评估，编制演练评估报告。

n. 负责各类事故汇总、统计上报工作，参加安全事故的调查、处理，配合政府部门事故调查组调查处理生产安全事故，协助制定事故预防措施并监督执行。

o. 承担相关法律、法规、规章规定和本单位相关制度中规定的其他职责。

③ 设备管理人员安全职责

a. 对本岗位安全工作负直接责任。

b. 负责建立本单位(部门)设备设施台账、特种设备安全技术档案和设备安全附件、安全装置清单。

c. 负责设备日常检查和定期检验工作。

d. 负责组织本单位(部门)设备的日常管理，包括组织设备完好确认、设备维保检修等。

e. 监督设备使用岗位的设备使用和维护情况。

f. 按照要求参加安全教育培训和安全活动，提高安全意识。

g. 学习和遵守本岗位各项安全规章制度，掌握相关内容。

h. 对本岗位进行隐患自查，发现问题及时上报，落实本岗位的安全隐患整改。

i. 了解与本岗位相关的应急预案内容，按照要求参加安全事故应急预案演练，熟悉疏散逃生路线，掌握应急处置的相关知识。

j. 掌握安全基本知识，不堵塞疏散通道、安全出口、消防通道。

k. 发生事故时，应立即向部门负责人报告，并按照应急预案要求进行处理。

l. 承担相关法律、法规、规章规定和本单位相关制度中规定的其他职责。

④ 危险化学品管理人员安全职责

a. 对本岗位安全工作负直接责任。

b. 负责危险化学品管理，包括领用、回收和废液处置等。

c. 熟悉保管的危险化学品特性、火灾爆炸、中毒发生的过程及主要防范措施。

d. 负责危险化学品存放场所的日常安全管理。

e. 按照要求参加安全教育培训和安全活动，提高安全意识。

f. 学习和遵守本岗位各项安全规章制度，掌握相关内容。

g. 对本岗位进行隐患自查，发现问题及时上报，落实本岗位的安全隐患整改。

h. 了解与本岗位相关的应急预案内容，按照要求参加安全事故应急预案演练，熟悉疏散逃生路线，掌握应急处置的相关知识。

i. 掌握用电、防火等安全基本知识，不堵塞疏散通道、安全出口、消防通道。

j. 发生事故时，应立即向部门负责人报告，并按照应急预案要求进行处理。

k. 承担相关法律、法规、规章规定和本单位相关制度中规定的其他职责。

⑤ 专业技术部门其他人员安全职责

a. 对本岗位安全工作负直接责任。

b. 按照要求参加安全教育培训和安全活动，提高安全意识。

c. 学习和遵守本岗位各项安全生产规章制度，掌握相关内容。

d. 对本岗位进行隐患自查，发现问题及时上报，落实本岗位的事故隐患整改。

e. 了解与本岗位相关的应急预案内容，按照要求参加生产安全事故应急预案演练，熟悉疏散逃生路线，掌握应急处置的相关知识。

f. 掌握用电、防火等安全基本知识，不堵塞疏散通道、安全出口、消防通道。

g. 发生事故时，应立即向部门负责人报告，并按照应急预案要求进行处理。

h. 承担相关法律、法规、规章规定和本单位相关制度中规定的其他职责。

（4）岗位操作人员安全生产责任制示例

① 班组长安全职责

a. 对本岗位安全工作负直接责任。

b. 按照要求参加安全教育培训和安全活动，提高安全意识。

c. 组织班组安全活动。

d. 学习和遵守本岗位各项安全规章制度，掌握相关内容。

e. 对本岗位进行隐患自查，发现问题及时上报，落实本岗位的安全隐患整改。

f. 了解与本岗位相关的应急预案内容，按照要求参加安全事故应急预案演练，熟悉疏散逃生路线，掌握应急处置的相关知识。

g. 掌握用电、防火等安全基本知识，不堵塞疏散通道、安全出口、消防通道。

h. 发生事故时，应立即向部门负责人报告，并按照应急预案要求进行处理。

i. 承担相关法律、法规、规章规定和本单位相关制度中规定的其他职责。

② 特种作业人员、特种设备作业人员安全职责

a. 对本岗位安全工作负直接责任。

b. 按国家有关要求进行专业性安全技术培训，经考试合格，取得特种作业操作证、特种设备作业证，方可上岗工作，并定期参加复审。

c. 按照要求参加安全教育培训和安全活动，提高安全意识。

d. 学习和遵守本岗位各项安全规章制度，掌握相关内容。

e. 熟悉本岗位主要风险及其控制措施。

f. 掌握本岗位相关设施运行、巡查、维修的安全操作要求。

g. 对本岗位进行隐患自查，发现问题及时上报，落实本岗位的安全隐患整改。

h. 了解与本岗位相关的应急预案内容，按照要求参加安全事故应急预案演练，熟悉疏散逃生路线，掌握应急处置的相关知识。

i. 掌握安全基本知识，不堵塞疏散通道、安全出口、消防通道，正确使用消防器材。

j. 作业时正确佩戴和使用劳动防护用品。

k. 有权拒绝违章作业、强令冒险作业的指令，对他人违章作业加以劝阻和制止。

l. 发生事故时，应立即向部门负责人报告，并按照应急预案要求进行处理。

m. 承担相关法律、法规、规章规定和本单位相关制度中规定的其他职责。

③ 巡检人员安全职责

a. 对本岗位安全工作负直接责任。

b. 学习和遵守巡检各项规章制度，掌握相关内容。

c. 掌握安防设施运行、巡查、维修的安全操作要求。

d. 负责设备、管线巡查，认真填写巡查记录，做好交接班工作。

e. 巡查过程中，发现问题及时上报，落实本岗位的事故隐患整改。

f. 按照要求参加安全教育培训和安全活动，提高安全意识。

g. 熟悉本岗位主要风险及其控制措施。

h. 了解与本岗位相关的应急预案内容，按照要求参加安全事故应急预案演练，熟悉疏散逃生路线，掌握应急处置的相关知识。

i. 掌握安全基本知识，不堵塞疏散通道、安全出口、消防通道，正确使用消防器材。

j. 作业时正确佩戴和使用劳动防护用品。

k. 有权拒绝违章作业、强令冒险作业的指令，对他人违章作业加以劝阻和制止。

l. 发生事故时，应立即向部门负责人报告，并按照应急预案要求进行处理。

m. 承担相关法律、法规、规章规定和本单位相关制度中规定的其他职责。

④ 实习人员安全职责

a. 对本岗位安全工作负直接责任，遵守实习管理人员的安全管理要求。

b. 按照要求参加安全教育培训和安全活动，提高安全意识。

c. 学习和遵守实习岗位各项安全规章制度，掌握相关内容。

d. 熟悉实习岗位主要风险及其控制措施。

e. 了解实习岗位相关设施运行、巡查、维修的安全操作要求。

f. 对实习岗位进行隐患自查，发现问题及时上报，落实本岗位的安全隐患整改。

g. 了解与实习岗位相关的应急预案内容，按照要求参加安全事故应急预案演练，熟悉疏散逃生路线，掌握应急处置的相关知识。

h. 掌握安全基本知识，不堵塞疏散通道、安全出口、消防通道，正确使用消防器材。

i. 作业时正确佩戴和使用劳动防护用品。

j. 有权拒绝违章作业、强令冒险作业的指令，对他人违章作业加以劝阻和制止。

k. 发生事故时，应立即向部门负责人报告，并按照应急预案要求进行处理。

l. 承担相关法律、法规、规章规定和本单位相关制度中规定的其他职责。

m. 完成领导交办的其他安全工作。

⑤ 其他作业人员安全职责

a. 对本岗位安全工作负直接责任。

b. 按照要求参加安全教育培训和安全活动，提高安全意识。

c. 学习和遵守本岗位各项安全规章制度，掌握相关内容。

d. 熟悉本岗位主要风险及其控制措施。

e. 掌握本岗位相关设施运行、巡查、维修的安全操作要求。

f. 对本岗位进行隐患自查，发现问题及时上报，落实本岗位的安全隐患整改。

g. 了解与本岗位相关的应急预案内容，按照要求参加安全事故应急预案演练，熟悉疏散逃生路线，掌握应急处置的相关知识。

h. 掌握安全基本知识，不堵塞疏散通道、安全出口、消防通道，正确使用消防器材。

i. 作业时正确佩戴和使用劳动防护用品。

j. 有权拒绝违章作业、强令冒险作业的指令，对他人违章作业加以劝阻和制止。

k. 发生事故时，应立即向部门负责人报告，并按照应急预案要求进行处理。

l. 承担相关法律、法规、规章规定和本单位相关制度中规定的其他职责。

二、安全生产管理制度

安全生产管理制度是生产经营单位制定的组织生产过程和进行生产管理的规则和制度的总和，也称为内部劳动规则，是生产经营单位内部的“法律”，是根据其生产经营活动的特点、生产经营范围、危险程度、工作性质及具体工作内容的不同，依据国家有关法律法规、规章和标准要求，有针对性地制定具有可操作性的安全生产管理制度。

建立全员安全生产责任制之后，生产经营单位还需要建立健全CCUS各类安全生产管理制度，通过安全生产管理制度的建立健全，规范安全生产行为，维护安全生产秩序，增加CCUS生产经营活动的规范性和有序性，避免或减少生产安全事故事件。

1. 安全生产管理制度的分类

安全生产管理制度主要分为两类：一类是基础管理制度，即安全生产教育和培训、安全生产现场检查、生产安全事故报告、特殊区域内施工审批、危险物品安全管理、安全设施管理、特种作业安全管理、安全值班、安全生产奖惩、劳动防护用品的配备和发放等；另一类是现场管理制度，即压力容器安全、电气安全、建筑施工安全、危险场所作业安全等。见表4-1。

表4-1　制度种类

制度类别	制度名称
13项必备的最基础的安全管理制度(应当编制)	(1) 安全生产教育和培训管理制度(包括：开工"第一课"活动和现场警示教育等)； (2) 安全生产"晨会"制度； (3) 安全生产检查管理制度； (4) 安全风险分级管控制度； (5) 生产安全事故隐患排查和治理管理制度； (6) 具有较大危险因素的生产经营场所、设备和设施的安全管理制度； (7) 安全生产资金投入或者安全生产费用提取、使用和管理制度； (8) 危险作业管理制度； (9) 特种作业人员管理制度； (10) 劳动防护用品配备和使用制度； (11) 安全生产奖励和惩罚管理制度； (12) 生产安全事故报告和调查处理管理制度； (13) 安全生产"吹哨人"制度
4项基础管理制度(涉及时需编制)	(1) 建立"三同时"管理制度； (2) 相关方(承租、承包等)安全管理制度； (3) 职业病危害管理制度； (4) 应急预案管理制度

续表

制度类别		制度名称
6类现场管理制度（涉及时需编制）	场所类	场站管理制度
		化验室管理制度
		食堂管理制度
	设备设施类	设备设施管理制度
		特种设备管理制度
	危险化学品类	危险化学品安全管理制度
	消防安全类	消防设施和器材管理制度
		消防控制室管理制度
		消防泵站管理制度
	电气安全类	安全用电和防雷装置管理制度
	交通安全类	交通安全管理制度
其他		生产经营单位根据实际情况确定要编制的其他安全生产管理制度

2. 安全生产管理制度的编制方法

（1）编制要素

策划安全生产管理制度框架时，至少包括以下要素：

① 目的依据与适用范围

a. 明确建立目的：规范安全管理、预防生产安全事故等。

b. 明确建立依据：《安全生产法》等法律法规。

c. 明确适用范围：该制度的责任部门、岗位，分子公司等。

② 职责与分工

a. 明确该制度责任机构和部门的安全管理职责。

b. 明确该制度中涉及的重点岗位的安全管理职责。

③ 管理内容

a. 明确各项安全管理流程、要求和注意事项。

b. 明确相关记录表单的填写、保存要求。

④ 记录表单

a. 明确该制度相关的各项记录表单。

b. 列出记录表单的规定格式。

(2) 编制依据

策划安全生产管理制度内容时，依据如下：

① 现行的法律法规、政府文件、相关技术标准和规范等。

② 上级单位的通知文件、安全管理制度。

③ 本单位生产经营范围、特点、危险程度、工作性质及具体工作内容。

(3) 编制内容

编制安全生产管理制度内容时，至少包括表 4-2 中的主要内容。

表 4-2 安全生产管理制度的主要内容(部分)

序号	制度名称	主要内容
1	安全生产教育和培训管理制度	规定组织实施的部门及职责分工，培训目的、计划、形式、内容、学时及培训档案等要求
2	安全检查和事故隐患排查治理管理制度	规定组织实施的部门及职责分工，排查范围、内容、方法和周期，事故隐患的排查、登记、报告、监控、治理、验收各环节过程管理及档案等要求
3	安全生产"晨会"制度	组织会前点名、检查与会人员状态、安排部署任务、组织教育培训。强调注意事项、整理资料并存档备查
4	安全生产"吹哨人"制度	吹哨人范围、发现安全生产隐患预警途径、安全生产隐患核查及整改要求、奖励办法等要求
5	安全风险分级管控制度	规定组织实施的部门及职责分工，安全风险辨识、分析、评价、风险等级确定、管控措施制定、风险告知、风险更新等管理及档案要求
6	具有较大危险因素的生产经营场所、设备和设施的安全管理制度	该制度是一个统称，各单位实际在编写制度时，应根据本单位安全风险评估的结果，针对具有较大风险的场所、设备和设施编制相应的管理制度，如配电室、锅炉房、食堂等，而不需要编制名称为"有较大危险因素的生产经营场所、设备和设施的安全管理制度"
7	劳动防护用品配备和管理制度	规定组织实施的部门及职责分工，劳动保护用品选择、采购、发放、使用、维护、更换、报废及台账记录等要求
8	安全生产奖励和惩罚管理制度	规定组织实施的部门及职责分工，考核方法、内容及奖惩档案等要求
9	事件事故(生产安全事故和职业病危害事故)管理制度	规定组织实施部门及职责分工，事件事故报告程序、时限、内容，调查处理流程及档案等要求

续表

序号	制度名称	主要内容
10	危险作业管理制度	规定责任部门及职责分工，审批程序、防范措施及记录等要求
11	特种作业人员和特种设备操作人员管理制度	规定责任部门及职责分工，培训、取证、复审、证书保管及档案等要求
12	安全投入保障管理制度	规定责任部门及职责分工，经费提取标准、用途、使用状况审查及档案等要求
13	应急救援管理制度	规定责任部门及职责分工，救援队伍建设，应急预案编制、评审和演练，应急设施、装备、物资的配置和使用等要求
14	危险化学品安全管理制度	规定责任部门及职责分工，购销、出入库登记、专用储存场所(专用仓库、专用储存室、气瓶间或专柜等)存储和使用现场管理、应急措施及记录等要求
15	设备设施(包括特种设备)安全管理制度	规定责任部门及职责分工，设备设施验收、检查检测、维护保养、报废及台账档案等要求
16	相关方(承租、承包等)安全管理制度	规定责任部门及职责分工，准入条件、监督指导、评价考核等要求
17	建设项目“三同时”管理制度	规定责任部门及职责分工，项目可行性分析阶段、设计、施工、试运行和验收阶段“三同时”管理等要求
18	安全用电和防雷装置管理制度	规定责任部门及职责分工，日常检查、安全巡查、充电桩管理等要求
19	消防设施和器材管理制度	规定责任部门及职责分工，消防设施和器材配备、日常维护保养及档案等要求
20	消防控制室管理制度	规定责任部门及职责分工，明确日常防火检查、巡查记录和相关的内容、值班应急程序、消防控制室图形显示装置要求、建筑消防设施运行状态信息要求
21	消防泵站管理制度	规定责任部门及职责分工，明确设备、场所环境的管理要求
22	食堂管理制度	规定责任部门及职责分工，人员证件、留样、燃气设施、食堂建筑物及其防火、炊事机械和设施、安全操作和维护保养等要求
23	交通安全管理制度	规定责任部门及职责分工，明确驾驶员管理要求，对车辆进行定期检测及技术管理要求，车辆档案、检验、转移、违法处理等的管理要求

续表

序号	制度名称	主要内容
24	职业卫生管理制度和操作规程	（1）职业病危害防治责任制度； （2）职业病危害警示与告知制度； （3）职业病危害项目申报制度； （4）职业病防治宣传教育培训制度； （5）职业病防护设施维护检修制度； （6）职业病防护用品管理制度； （7）职业病危害监测及评价管理制度； （8）建设项目职业卫生“三同时”管理制度； （9）劳动者职业健康监护及其档案管理制度； （10）职业病危害事故处置与报告制度； （11）职业病危害应急救援与管理制度； （12）岗位职业卫生操作规程； （13）法律法规规定的其他职业病防治制度
25	化验室管理制度	（1）危险化学品采购、储存、运输、发放、使用和废弃的管理制度； （2）气瓶和气体管线安全管理制度； （3）爆炸性化学品、剧毒化学品和易制爆、易制毒危险化学品的特殊管理制度； （4）危险化学品安全使用的教育和培训制度； （5）危险化学品隐患排查治理和应急管理制度； （6）个体防护装备、消防器材的配备和使用制度
26	CCUS 站场管理制度	（1）巡回检查管理制度：明确定时检查的内容、路线和记录的项目； （2）交接班管理制度：明确交接班要求、检查内容和交接班手续； （3）设备设施的操作规程：包括设备投运前的检查及准备工作、启动和正常运行的操作方法、正常停运和紧急停运的操作方法； （4）设备设施维修保养：规定设备设施本体、安全附件、安全保护装置、自动仪表，辅助设备的维护保养周期、内容和要求； （5）门禁制度：明确防火、防爆和防止非作业人员随意进入站场的要求； （6）应急管理制度：保证通道畅通的措施以及事故应急预案和事故处理办法等； （7）节能管理制度：符合 CCUS 各环节节能管理有关安全技术规范的规定

(4) 注意事项

① 各类安全生产规章制度可单独分开编制，也可将内容相近的合并编制。

② 安全生产规章制度编制时注意相互衔接，总体结构层级分明。

③ 不同单位的相同管理制度中的管理要求也不尽相同。

④ 安全管理制度应具有针对性、可操作性。

⑤ 安全生产规章制度越健全、越周密、越具体，越能在保障安全生产方面发挥作用。

⑥ 安全生产规章制度应经过主要负责人审批后发布、实施。

三、安全操作规程

安全操作规程是指在生产经营活动中，为消除能导致人身伤亡或者造成设备、财产损失及危害环境的因素而制定的具体技术要求和实施程序的统一规定，根据物料性质、工艺流程、作业活动、设备使用要求而制定的作业岗位安全操作要求，并以此为依据对员工进行安全教育，规范员工安全操作。按照 CCUS 全链条中的不同业务、不同环节、不同区域应分别制定完善相应的安全操作规程。

1. 安全操作规程编制方法

(1) 编制要素

策划安全操作规程框架时，至少包括适用范围、岗位安全职责、岗位存在的主要风险及控制要求、个体防护要求、安全操作要求、严禁事项和紧急情况现场处置措施等要素。

(2) 编制依据

编制安全操作规程内容时，依据如下：

① 现行的法律、政府文件、相关技术标准和规范等。

② 化学品安全技术说明书、工艺装置或设备的使用说明书、工作原理资料，以及设计、制造资料、带控制点的工艺流程图等。

③ 作业人员的作业和操作经验。

④ 危险有害因素分析结果。

⑤ 曾经出现过的危险、事故案例及与本项操作有关的其他不安全因素。

⑥ 作业环境条件、工作制度、安全生产责任制等。

⑦ 生产经营单位开展双重预防机制建设的相关资料。

(3) 编制内容

安全操作规程至少包含以下内容：

① 操作前的准备。包括操作前应做的检查，机器设备和环境应当处于的状态，应做的调整，需要准备的工具等。

② 劳动防护用品的穿戴要求。应该和禁止穿戴的防护用品种类，以及如何穿戴等。

③ 操作的先后顺序、方式。

④ 操作过程中机器设备的状态。如手柄、开关所处的位置等。

⑤ 操作过程需要进行测试和调整。

⑥ 操作人员所处的位置和操作时的规范姿势。

⑦ 操作过程中必须禁止的行为。

⑧ 一些特殊要求。

⑨ 异常情况的处理。

(4) 注意事项

① 安全操作规程并不是设备设施使用操作规程。

② 管理岗位一般不编制岗位安全操作规程。

③ 生产性业务外包相关方使用本单位设备的，由本单位提供安全操作规程。

④ 工艺、设备发生变化后及时修订或更新岗位安全操作规程。

⑤ 岗位安全操作规程经主要负责人批准后以纸质版、看板等方式发放到操作岗位。

2. 安全操作规程编写框架

(1) 适用范围

本操作规程适用于某岗位人员的安全作业等。

(2) 岗位安全作业职责

本部分编写重点：明确岗位人员负责的安全职责，如负责设备运行或者维修、保洁等作业；负责本岗位使用的设备设施及其安全装置、工器具的日常保养；对于本岗位涉及的设备设施及其安全装置、工器具出现问题的，及时报修；正确佩戴和使用劳动防护用品，发现劳动防护用品损坏，及时更换；按岗位安全操作规程安全作业；负责执行本岗位涉及的安全风险管控措施；负责本岗位日常事故隐患自我排查治理；负责本岗位事故和紧急情况的报告和现场处置等。

（3）岗位主要危险有害因素

本部分编写重点：按本岗位相关作业活动分别列出岗位最常见的且风险相对较大的事故风险和职业病危害风险。危险有害因素描述时应简洁地说明风险发生的原因、过程和结果。

（4）劳动防护用品穿戴要求

本部分编写重点：明确岗位作业过程所需佩戴的劳动防护用品，具体列出各类活动分别应佩戴的具体劳动防护用品，如岗位作业人员进入作业区域应穿戴工作服、工作帽，长发应盘在工作帽内，袖口及衣服角应系扣；进入电气设施现场进行检修、倒闸及维修作业应穿戴绝缘手套、绝缘靴；某设备操作岗位作业时需佩戴防噪声耳塞等。

（5）安全操作要求

本部分编写重点：具体明确作业前、作业过程和作业后的岗位安全作业要求，包括隐患自查自改、各类活动的安全要求和禁止性要求等。岗位涉及的某些作业环节涉及多个作业流程步骤，且风险较大时，可按作业流程分别描述每个流程下岗位安全操作要求，如：

① 作业前安全操作要求

a. 开机、作业前对交接班记录和标识、设备设施和工具、安全装置、周边作业环境的隐患自查要求。

b. 隐患消除或上报的要求和方法。

c. 开机或作业前准备工作。

d. 开机的安全作业步骤和安全注意事项等。

② 作业中安全操作要求

a. 正常作业的安全操作注意事项。

b. 排除故障时的安全事项。

c. 作业过程检查或巡查发现隐患的处置或上报要求等。

d. 其他作业过程应注意的安全事项等。

③ 作业后安全操作要求

a. 设备清扫保养过程应注意的安全事项。

b. 关闭电源和气源前应注意的安全事项。

c. 工作结束离开现场应进行的现场相关隐患检查和处置。

d. 交接班记录和标识的要求。

④ 作业现场禁止性要求

作业前、作业中、作业后过程中禁止性事项。

(6) 岗位应急要求

本部分编写重点：列出岗位可能发生的紧急情况、事件事故，并简要明确岗位第一时间进行处置的方法。若该岗位所在区域、所使用的设备有现场处置方案，则可提示其具体执行某现场处置方案。

① 作业区域发生火险时的处置和疏散方法，如：立即停机断电；立即使用周边的灭火器进行灭火并同时报告带班人员；处置无效时立即撤离现场，按现场疏散指示标识到某集合地集合等。

② 设备发生紧急情况或事件事故时的处置方法，如：设备发生某故障，应使用某工具进行排除；设备发生某故障，需人工排除时应关机或关闭生产线电源；人员的肢体、衣服、头发等被机械运转部位夹住或卷入时，应立即按下设备的紧急停止开关等。

③ 发生事件事故后报告的方法，通常要求首先报告带班人员，紧急情况下可直接报告单位安全管理人员或值班室、监控室等，并列出报告电话。

④ 现场有人员受到伤害时的处置方法，可列出在第一时间进行抢救处置的简要方法，比较复杂的抢救方法通常可作为岗位安全操作规程的附件。

第二节　安全生产教育培训

安全生产教育和培训是安全生产管理工作的一个重要组成部分，是实现安全生产的一项重要基础性工作；是强化企业安全生产基础建设、提高企业安全管理水平和从业人员安全素质、提升安全监管监察效能的重要途径；是防止“三违”行为，不断降低事故总量，遏制重特大事故发生的源头性、根本性举措。

在 CCUS 生产运行中存在大量的新技术、新工艺、新材料、新设备，涉及专业多、知识盲点多、工作节点多，需要对 CCUS 相关的管理、技术、操作人员进行综合、专项、现场等方式的培训，以提升 CCUS 全链条相关业务人员素质能力。

一、培训对象及目标

对 CCUS 从业人员进行“全覆盖”，包括主要负责人、分管负责人、安全管理人员、专业技术人员及一线岗位操作人员及其他人员。

1. 经营管理人员

（1）培训目的

提升经营管理人员的守法合规意识、风险意识、体系思维、领导引领力、风险管理能力和应急管理能力等。

（2）培训目标

使 CCUS 经营管理人员了解领会“双碳”目标重大意义，自觉扛起时代赋予的全新使命，在 CCUS 技术创新、工程示范、商业模式等方面充分发挥领导引领力，培养适应国有生产经营单位现代化建设要求的高素质领导人才，进而增强经营管理人员队伍的创造力、凝聚力、战斗力和执行力。使经营管理人员掌握 CCUS 基础知识、相关法律法规、制度标准、重大安全环保风险、安全现场标准化建设、全链条风险分级管控清单等，全面提升 CCUS 经营管理人员的综合素质能力。

2. 专业技术人员

（1）培训目的

提升专业技术人员的专业技术能力、专业 HSE 管理能力、风险管控和隐患排查治理能力、应急处置能力等。

（2）培训目标

使 CCUS 专业技术人员了解国内外 CCUS 技术和应用现状，助力生产经营单位打造绿色低碳能源化工基地，促进区域 CCUS 绿色产业链健康快速发展，为降碳减碳作出积极贡献。使专业技术人员掌握 CCUS 的工艺流程、工艺技术、工艺参数优化、自动控制与信息系统、关键监测参数、生产运行中存在的风险、管控措施和应急响应与处置的知识，增强专业技术人员解决 CCUS 疑难复杂问题及处理、防范事故的能力，提高理论在生产实际中的应用及专业技术人员对工艺流程、设备设施的安全管理水平。

3. 岗位操作人员

（1）培训目的

提升岗位操作人员的现场风险识别、应急响应与处置、设备设施安全操作能力以及现场“三标”建设能力等。

（2）培训目标

使 CCUS 岗位操作人员系统掌握 CCUS 基础知识；对 CCUS 捕集、输送、注入、采出与集中处理回注主要设备操作规范、设备操作中存在的风险及管控措施、应急响应与处置，岗位操作人员能做到“五懂五会五能”、标准化操作并能够及时准确地发现和排除操作中的故障。提高岗位操作人员结合生产实践经验或技术手段，分析解决 CCUS 工艺流程、设备设施异常的能力。

二、培训要求

1. 基本要求

CCUS 相关的新技术、新工艺、新设备、新材料在使用前，必须对相关人员进行安全教育培训；新从业人员和转岗人员在上岗前，必须进行安全教育培训，新从业人员必须经“三级”安全教育培训合格后方可上岗。

2. 取证要求

经营管理及专业技术人员应取得安全生产知识和管理能力考核合格证、特种设备安全管理人员证、上级单位颁发的作业许可管理培训合格证、上级或同级单位颁发的安全培训合格证。岗位操作人员应取得相应操作岗位的职业技能等级证书、压力容器操作证，上级或同级单位颁发的安全培训合格证、设备操作证。特种作业人员必须参加有关部门的培训取得特种作业人员操作证，做到持证上岗。

3. 学时要求

CCUS 相关主要负责人和安全生产管理人员初次安全培训时间不得少于 48 学时，每年再培训不得少于 16 学时。新从业人员安全培训时间不得少于 72 学时，每年再培训不得少于 20 学时。

4. 档案要求

CCUS 相关单位应当建立健全从业人员安全生产教育和培训档案，

由安全生产管理机构以及安全生产管理人员详细、准确记录培训的时间、内容、参加人员以及考核结果等情况。

三、培训内容与形式

1. 培训内容

以不同培训对象及培训目标为主线，有针对性地设置培训内容，培训内容要包含以下内容，见表 4-3～表 4-5。

表 4-3　CCUS 经营管理人员培训内容设置(示例)

模块名称	课程名称	核心内容
发展战略与政策	全球碳中和战略及国内“双碳”目标	全球碳中和战略 国内“双碳”目标
	国家 CCUS 发展战略及政策	(1) 国家 CCUS 发展路线图。 (2) 国家 CCUS 发展政策。 (3) 国务院： ① 研究制定碳捕集利用与封存标准； ② 加大对碳捕集利用与封存项目的支持力度； ③ 探索开展二氧化碳捕集利用一体化试点示范； ④ 集成应用碳捕集利用与封存技术。 (4) 生态环境部： ① 推动全链条二氧化碳捕集、利用和封存示范工程建设； ② 开展碳捕集、利用与封存技术的研究和开发； ③ 推动碳捕集、利用与封存技术在工业领域应用。 (5) 其他部委和地方 CCUS 政策
	国内外 CCUS 发展现状及应用前景	世界先进发达国家的发展现状； 国内外 CCUS 发展现状及应用前景
	CCUS-EOR 发展历程及目标	CCUS-EOR 项目国内外现状； CCUS-EOR 项目建设的必要性和先进性； CCUS-EOR 项目发展历程
法律法规与制度标准	相关法律法规与制度标准识别转化	《安全生产法》等安全生产法律法规； 《碳捕集、利用与封存(CCUS)项目温室气体减排量化和核查技术规范》等相关制度标准

续表

模块名称	课程名称	核心内容
CCUS安全风险基础	CCUS 基础知识	CCUS 基本概念； 二氧化碳理化性质； 二氧化碳危害与影响
	CCUS 安全风险管理	CCUS 安全风险识别(辨识技术方法)； CCUS 安全风险评价(评价技术方法)； CCUS 安全风险控制(管控原则、技术等)； 应用举例(HAZOP 和或矩阵使用)
	CCUS 安全管理建设	CCUS 安全生产规章制度建设； CCUS 安全生产信息化建设； CCUS 安全生产现场标准化建设； CCUS 环境监测

表 4-4　CCUS 专业技术人员培训内容设置(示例)

模块名称	课程名称	核心内容
CCUS 技术应用现状	CCUS 技术应用现状	国内外 CCUS 技术现状及应用前景； CCUS-EOR 相关技术
CCUS安全风险基础	CCUS 基础知识	CCUS 基本概念； 二氧化碳理化性质； 二氧化碳危害与影响； CCUS 技术原理与政策要求
	CCUS 基本工艺技术	工艺流程、工艺技术、工艺参数优化、自动控制与信息系统、关键监测参数
	CCUS 应急管理	应急管理的方针与原则； 应急预防及准备； 应急响应及恢复
CCUS安全风险防控技术	根据不同专业选定相应的 CCUS 安全风险防控技术	高浓度二氧化碳捕集风险防控； 低浓度二氧化碳捕集风险防控； 二氧化碳管道输送风险管控； 二氧化碳公路运输风险管控； 二氧化碳船舶运输风险管控； 二氧化碳注入站场风险管控； 二氧化碳驱油利用风险管控； 二氧化碳驱油集中处理与回注风险管控

表 4-5 CCUS 岗位操作人员培训内容设置（示例）

模块名称	课程名称	核心内容
CCUS 基础知识	CCUS 基础知识	CCUS 基本概念； 二氧化碳理化性质； 二氧化碳危害与影响
CCUS 风险识别与管控	CCUS 风险识别与管控	劳动纪律与岗位职责； 关键监测参数； 生产运行中存在的风险与管控措施
CCUS 安全操作规程	根据不同岗位选定相应的 CCUS 安全操作规程	高浓度二氧化碳捕集设备及安全操作规程； 低浓度二氧化碳捕集设备及安全操作规程； 二氧化碳管道输送设备及安全操作规程； 二氧化碳公路运输设备及安全操作规程； 二氧化碳船舶运输设备及安全操作规程； 二氧化碳注入站场设备及安全操作规程； 二氧化碳驱油利用设备及安全操作规程； 二氧化碳驱油集中处理与回注设备及安全操作规程
CCUS 应急处置	CCUS 典型应急情景分析及处置	二氧化碳泄漏、窒息、冻伤，其他危害等
	现场应急自救能力建设	正压式空气呼吸器、心肺复苏、二氧化碳报警仪、AED 使用等

2. 培训形式

由生产经营单位内部专家、外聘专家和培训中心专职师资进行授课，授课形式可灵活多样，如课堂学习、网络教学、实地参观、实际演练、安全技能竞赛、广播、板报、图片展览等多种形式的安全教育活动，以提高全员的 HSE 意识和安全技能水平。

四、培训类型

1. 综合培训

综合培训是对培训对象从 CCUS 的基础理论到实践操作、现场应变能力和综合能力的培训。系统培训旨在提升培训对象的综合素质，主要面向经营管理人员与专业技术人员。通过对这一层面上的培训，以提高整个管理层的安全技术素质，使广大生产经营单位经营管理人员牢固树立安全第一的思想，克服思想上的麻痹松懈情绪，杜绝生产中的违章指挥现象，让他们对自己的行为负责，对职工的生命安全和生产经营单位的财产安全负责。

2. 专项培训

专项培训是根据 CCUS 链条长、涉及专业多的现状，分捕集、输送、注入、采出、集中处理、回注等不同环节中的不同业务精准开展的专项技能提升。该培训主要面向专业技术人员与岗位操作人员，是针对不同业务中不同设备及作业风险进行分类识别分析，明确不同专业中所需管控的风险及对应的管控措施。特别是对新技术、新工艺、新材料、新设备的工作原理、应急处置、带来的新风险等内容进行专项培训，消除员工知识盲点，提高业务水平。

3. 现场培训

现场教学是利用 CCUS 生产现场实地实践和实物进行的直观教学。这一方法克服了对员工培训时的纸上谈兵、空洞说教的缺陷，变理论为实践、变说教为直观教育，培训对象容易接受，主要面向岗位操作人员。把课堂上讲的原理和理论分解到每名实际操作的岗位员工，对照实物讲解并让员工看操作效果，使员工在理论上理解不透、记忆不牢的东西通过实际操作能够清楚明白，也会记忆深刻。通过这种培训方法，对生产经营单位培训大批实用熟练的岗位操作人才，在基层岗位安全标准化操作上起到了很大作用。

4. 经验分享

经验分享一方面是通过各单位对先进典型管理经验、前沿技术进行交流，正面提升同类单位的安全管理与技术水平；另一方面是对生产运行中出现的典型问题、普遍问题、生产异常、管理难点、运行堵点等情况进行溯源分析分享，建立警示案例库，做到举一反三，减少同类问题的反复出现。

第三节　通信与自控系统

本节主要讲述以下内容：利用视频、单体录像设施或卫星定位装置等对关键设备、重点部位、高风险作业活动、移动设备进行监控。采集、监控和管理对安全生产有较大影响的温度、压力、液位、载荷等生产运行数据、设备关键运行参数，并进行故障诊断和生产异常预警。根据生产作业场所危险区域的等级划分，按要求设置探测报警系统，对火灾、可燃气体、有毒有害气体等进行监测、报警。对风险、隐患等实施安全生产信息化管理。

一、通信工程

1. 通信需求

主要通信内容为注入站、油水井、站场的视频监控系统、广播报警系统和数据传输系统。油井、站场的数据采用"无线汇聚+无线传输"的网络传输方式，将数据汇聚至附近的汇聚点，再通过点对点网桥传输至中心汇聚点，最终传输至采油管理区的生产指挥中心。

2. 设计原则

设计应保证通信质量，施工、维护方便，合理利用资源，节约用地，确保技术先进、经济合理、切合实际，安全适用，并符合通信管理部门的有关规定和规范。

3. 通信要求

(1) 视频监控系统

注入站、集中处理站视频监控系统主要用于对重点及重要的工艺装置设备运行情况进行视频监视，以预防意外闯入和及时发现险情给予报警及火灾确认等。监控前端图像分辨率为1080P，防爆等级不低于ExdIIBT4，防护等级不低于IP65。

油水井井场、回注站视频监控系统具有智能分析功能，当发生闯入报警时，系统可自动向井场发出提示音，对闯入者进行警示，也可人工对现场进行喊话、口头警告或指挥。可实现井场和管控平台之间的紧急广播，实现事件的实时传达、告知、告警。

视频监控组成：

① 在注入站的注入泵橇、注水泵橇、计量分配橇内设监控，监控泵的运行情况。

② 在各注入站、集中处理站、油水井井场、回注站场区内设监控，监控场区的安全情况。

③ 视频信号上传至生产指挥中心进行统一存储、管理及控制。监控图像存储时间为 90 天。

(2) 配套设备

依托视频监控系统建立广播报警系统，在监控立杆上安装扬声器，覆盖生产站场主要区域。扬声器与摄像机共杆安装，扬声器音频输入由前端摄像机引出，通过监控平台实现公共广播。每座油水井井场设监控立杆 1 套，杆上安装视频监控前端、防水扬声器、补光灯、通信箱、无线网桥等设备。集输干线及外输油管线同沟敷设光缆，用于泄漏监测。

(3) 数据传输

数据通过无线网桥传输至附近的无线网桥汇聚中心，再通过无线网桥汇聚中心传输至生产指挥中心。

(4) 防雷及接地

为防止直击雷和感应雷带来的危害，所有由室外进入室内的通信线缆应在两端加装相应的电涌保护器，电涌保护器、线缆铠装层等应就近可靠接地，接地电阻不大于 4Ω。通信线缆进出线和钢管接头位置采用防爆胶泥封堵。线缆进出建筑物应用防水材料进行封堵。

4. 主要硬件设施

生产指挥中心通信硬件设备主要包括视频服务器、磁盘阵列、计算机、交换机、安全网闸及显示设备等。

(1) 视频服务器

视频管理平台采用软硬件一体化设备，由硬件服务器和平台管理软件组成，支持单机工作模式、集群冗余模式和级联模式。系统的扩容可通过多机堆叠方式实现。通过级联方式能实现多级管理，下级平台通过级联，将各种资源、信息推送给上级平台从而实现信息共享和多级指挥调度。

(2) 磁盘阵列

配置 24 盘位视频存储，实现视频数据的集中存储。

(3) 计算机

配备计算机为生产指挥中心值班人员的操作用机，主要实现对油气水井、注入站生产过程视频监控和办公应用等功能。

（4）工控网交换机、办公网交换机

可网管交换机，用于生产区域所有视频、工控网络、办公网络数据交换转发，采用三层交换机、1000Mbps。

（5）安全网闸

用于生产网络与办公网之间的隔离和安全防护。

（6）显示设备

采用液晶拼接屏作为显示设备，用来接入并显示监控计算机的信号和视频监控信号，当信号较多无法同时显示时，采用轮询的方式显示。

二、自控系统

1. 设计原则

自控系统的设计以满足自控功能要求，节省工程投资，提高经济效益为首要目的。

（1）在满足安全、工艺过程要求的前提下，仪表、设备选型力求统一，以减少备品、备件的品种和数量，以便维护。

（2）仪表的防爆类型根据国家有关爆炸危险场所电气装置设计规范的规定，按照仪表安装场所的爆炸危险类别、范围、组别确定。

（3）降低劳动强度，提高劳动生产率及经济效益。

2. 数据采集

（1）注入站数据采集

① 液态二氧化碳储罐橇压力、温度、液位。

② 二氧化碳注入泵橇压力、温度、电参、出口流量。

③ 注水泵橇压力、温度、电参。

④ 计量分配橇压力、流量。

⑤ 橇装内二氧化碳浓度。

⑥ 二氧化碳注入泵橇、注水泵橇、计量分配橇自带 PLC 控制柜，具备运行状态显示、故障报警、远程启停等功能。

（2）注采井井场数据采集

① 注入井注入管线压力，井口油压、套压。

② 油井井口温度、套压、回压，其中井口压力高压报警、极高压报警在人工确认后可远程停井。

③ 油井示功图的载荷、冲次，电流、电压、电量等电参。

(3) 集中处理站与分气增压点数据采集

① 进站阀组橇：来油温度、压力。

② 加热炉橇：压力、温度、液位、流量，自带 PLC 控制柜，具备运行状态显示、故障报警等功能。

③ 加药装置橇：自带 PLC 控制柜，具备综合信号上传等功能。

④ 三相分离器橇：

a. 进口管线温度、压力，油相出口管线压力、流量、流量计前过滤器差压、原油含水率，气相出口管线压力、计量阀组压力、流量、流量计前过滤器差压，水相出口管线压力、流量、流量计前过滤器差压，其中气相出口管线压力联锁控制气动压力调节阀开度。

b. 混合腔温度、压力、液位、油水界面，油腔液位，其中混合腔、油腔高、低液位报警，液位联锁控制调节阀的开度。

⑤ 原油外输泵橇：

a. 外输泵电参，进口温度、过滤分离器压差，进、出口压力，具备运行状态显示、故障报警、远程启停等功能。

b. 原油外输管线温度、压力、流量。

c. 原油外输计量管线压力、过滤分离器压差。

⑥ 采出水提升泵橇：进口温度、压力、过滤分离器压差、电参，具备运行状态显示、故障报警、远程启停控制等功能。

⑦ 事故油罐：温度、液位、界面。

⑧ 埋地污油罐及液下泵：

a. 污油罐罐体温度、液位，低液位 0.7m 报警，极低液位 0.3m 联锁停液下泵，当液位上行至 1.2m 时，启动液下泵。

b. 液下泵电参，具备运行状态显示、故障报警、远程启停等功能。

⑨ 天然气分水器：进、出口管线温度、压力、液位，其中进口管线压力联锁控制天然气分水器进口管线压力调节阀的开度；当液位高于 0.5m 时联锁天然气分水器排污管线开关阀开启，液位低于 0.1m 时联锁关闭。

⑩ 天然气分离器：进、出口管线温度、压力、流量、液位，其中

出口管线压力联锁控制天然气分离器出口外输管线调节阀的开度；当液位高于0.5m时联锁天然气分离器排污管线开关阀开启，当液位低于0.1m时联锁关闭。

⑪ 放空分液罐、放空立管橇：

a. 放空分液罐温度、压力、液位，其中高液位0.6m，低液位0.4m报警，极高液位0.8m时联锁启排污泵，极低液位0.2m时联锁停排污泵。

b. 排污泵进、出口压力、进口管线过滤器前后差压、电参，具备运行状态显示、故障报警、远程启停等功能。

⑫ 仪表风制氮系统：

a. 仪表风储罐出口压力。

b. 空气压缩机橇、再生干燥橇、制氮机橇均自带PLC控制柜，具备运行状态显示、故障报警、远程启停等功能。

⑬ 伴生气增压及干燥：

a. 两相分离器温度、压力、液位，其中液位联锁控制调节阀开度。

b. 脱水装置出口流量、压力，其中出口压力联锁控制调节阀阀门开度。

c. 进站管线、压缩机进口压力。

d. 伴生气压缩机橇、伴生气聚结过滤器橇、硅胶干燥器橇、再生冷吹橇、再生干燥橇均自带PLC控制柜，具备运行状态显示、故障报警、远程启停等功能。

⑭ 水处理部分：

a. 采出水处理装置出口流量。

b. 反洗水回收罐橇、外输罐橇、过滤器橇、加药装置橇均自带PLC控制柜，具备运行状态显示、故障报警、远程启停等功能。

⑮ 分气增压点气液分离、增压外输一体化装置橇：

a. 气液分离器液位，进口管道温度、压力，液体出口管道温度、压力，气体出口管道压力，其中高、低液位报警，液位联锁控制增压泵变频。

b. 外输泵进口过滤器前后差压，出口管道温度、压力、流量；具备泵运行状态显示、故障报警、远程启停功能。

⑯ 泄漏监测系统：集输干线设光纤泄漏监测系统，外输干线设负压波原油泄漏检测系统，集中处理站设光纤、负压波原油泄漏监测主机。

⑰ 火灾报警系统：在综合用房设感烟探测器、缆式定温探测器手动报警按钮、声光报警器等火灾探测报警设备，公共报警信号上传至值班室火灾报警控制器，并上传至站控系统。

（4）回注站数据采集

① 收球阀：旁路管线温度、压力，进站地温。

② 进站分离器橇：

a. 进站分离器温度、液位，前管线压力，气相出口流量，其中高液位联锁开启排液泵，低液位联锁关停排液泵。

b. 排液泵电参、出口管线压力，其中极高压力联锁关停排液泵；具备泵运行状态显示、故障报警、远程启停功能。

c. 过滤器前后压差。

③ 注气压缩机橇：自带 PLC 控制柜，具备综合信号上传，运行状态显示、故障报警、远程启停功能。

④ 调压计量橇：后管线压力，自带 PLC 控制柜，具备综合信号上传，运行状态显示、故障报警、远程启停功能。

⑤ 放空分液罐：

a. 放空分液罐温度、压力、液位，低液位联锁关停罐底泵。

b. 罐底泵电参、泵后压力，具备泵运行状态显示、故障报警、远程启停功能。

c. 过滤器前后差压。

⑥ 注入区域：

a. 低温储罐橇温度、压力、液位。

b. 二氧化碳注入泵压力、温度、电参、出口流量，自带 PLC 控制柜，具备泵运行状态显示、故障报警、远程启停功能。

⑦ 仪表风橇：仪表风储罐出口压力，低压联锁关闭进站气动开关阀及压缩机橇，自带 PLC 控制柜，具备综合信号上传、运行状态显示、故障报警、远程启停功能。

⑧ 气体泄漏监测报警：站内工艺装置区可燃气体、二氧化碳气体

潜在泄漏区域设可燃气体探测器、二氧化碳气体浓度探测器，探测器探测信号上传至中控室可燃气体、二氧化碳气体报警控制器，具备全站的可燃气体、二氧化碳气体泄漏监测、浓度显示及超限报警等功能。

3. 主要软硬件设施及仪表选型

（1）软件设施

SCADA 系统是生产指挥中心油气生产信息化建设的中枢，它将对区块进行连续的监测和管理。在确保数据采集、储存的完整性、及时性、准确性、安全性和可靠性的同时还要支持系统平台的开放性，支持用户开发、补充和完善应用功能。生产指挥中心控制室的 SCADA 系统按客户/服务器结构设置，支持分布式多服务器结构。服务器和操作站采用标准、可靠、先进、高稳定性版本的 Windows 操作系统。操作员工作为局域网上的一个节点，根据预设的权限共享各服务器的资源。

（2）硬件设施

主要有数据采集服务器（采集+实时库）、操作员工作站、防火墙、路由器交换机等网络设备、工控网络安全设备等。

（3）仪表选型

① 针对被测工艺参数的特点，选择的仪表满足其所处位置的压力等级以及所处场所防护等级的要求，选择的仪表满足其所需的可靠性和精确度要求。

② 现场仪表的选型原则应遵守有关设计规范，选择技术先进、性能可靠、维护方便、适应当地环境条件、经济合理的现场仪表。

③ 仪表设备的设计选型尽量统一，选用设备的制造厂家应尽量少，便于维修维护、购买备件和厂家售后服务。

④ 站场压力采集远传选用智能压力变送器，输出信号 4~20mA；注入井场压力采集仪表选用无线压力变送器，通信协议为 ZigBee。

⑤ 站场温度采集选用标准的铂热电阻，采用变送器直接安装在传感器上的一体化温度变送器，并配备保护套管；注入井场温度检测仪表选用无线温度变送器，通信协议为 NB-IoT。

⑥ 原油计量选用质量流量计，天然气计量选用旋进旋涡流量计，

水计量选用电磁流量计。

⑦ 三相分离器、两相分离器液位测量选用双法兰液位变送器，加热炉炉体液位采集选用磁翻板液位计配套液位变送器、原油储罐液位采集选用雷达液位计，污水回收罐液位采集就地及远传选用磁翻板液位计配套液位变送器；缓冲罐(水罐)液位采集选用单法兰液位变送器；油水界面采集选用射频导纳油水界面仪；流量调节阀门选用电动或气动直通单座调节阀。

⑧ 可燃气体检测装置采用催化燃烧式可燃气体探测器，配套报警器；二氧化碳气体检测装置采用点式红外二氧化碳气体探测器，配套报警器。

4. 控制方式及主要功能

(1) 控制方式

通过SCADA系统完成对整个生产区域生产数据的自动采集和监测，分三级进行控制和管理。

第一级为生产指挥中心管理级：对各站场、设备进行远程监测和视频监控，进行统一调度管理。

第二级为站场控制级：在井口、注入站、集中处理站、回注站等地方，分别通过站控PLC或RTU系统对站场、井口工艺变量及设备运行状态进行数据采集、监视、联锁保护及远程控制，并接受和执行生产指挥中心下达的命令。

第三级为就地控制级：可在现场对工艺单体或设备进行自动、手动控制切换。当进行设备检修或关停时，可采用就地手动控制。

(2) 主要功能

正常情况下操作人员在生产指挥中心控制室通过计算机系统即可完成对生产区域的监控和运行管理等任务。

具备历史资料与实时数据的采集、处理、归档及趋势图显示；工艺流程动态显示；异常报警显示、报警信息管理；生产统计报表的生成和打印；标准组态应用软件和用户生成的应用软件的执行；下达调度和操作命令；示功图显示，单井求产及工况诊断；仪表故障诊断分析；贸易结算管理；安全保护；SCADA系统诊断；网络监视及管理；通信信道监视及管理。

第四节　生产现场标准化

规范的CCUS生产现场标准化建设应具有统一建设标准、统一管理标准，实现现场规范整洁，外观形象统一，现场警示齐全、醒目。本节主要介绍二氧化碳注入站、注入(气、水)井、采出井、集中处理站等现场及其主要辅助场所(设计压力不大于42MPa)的标准化管理。

一、站场规范

1. 注入站规范

注入站区域边界清晰，采用围栏(电子围栏)、隔栅、警戒线等方式设置明显边界。门禁管理规范，具备进入电子警告驱离喊话功能，警示标识、公告牌和警示语牢固设在醒目、固定位置并清晰可见，标识牌前不得放置妨碍认读的障碍物。工艺流程走向合理、标识清晰；设备设施清洁干净，闸门仪表涂色规范、齐全完好，闸门阀门开关灵活好用、无渗漏，物品工具摆放整齐。布局合理，满足日常检维修作业要求的最小征地面积；消防设施、器材、配件齐全完好，通道通畅。设备设施运转平稳，外观整洁，仪器仪表、安全附件齐全完整、灵敏可靠、检定有效，特种设备注册检验有效合格。

2. 集中处理站规范

与CCUS相关的油气集中处理站主要包括油气脱碳处理、天然气脱水处理、二氧化碳液化处理。

处理站区域边界清晰，采用围栏、实体围墙等方式设置明显边界。门禁管理规范，警示标识、公告牌和警示语，牢固设在醒目、固定位置并清晰可见，标识牌前不得放置妨碍认读的障碍物。工艺流程走向合理、标识清晰；设备设施清洁干净，闸门仪表涂色规范、齐全完好，闸门阀门开关灵活好用、无渗漏，防腐保温、管架(墩)等完好。布局合理，满足日常检维修作业要求的最小征地面积；消防设施、器材、配件齐全完好，通道畅通。设备设施运转平稳，外观整洁，仪器仪表、安全附件齐全完整、灵敏可靠、检定有效，特种设备注册检验有效合格。操作平台通道或工作面的所有敞开边缘，设置防护栏杆，且无变形、缺失、妨碍人员通过或可能造成伤害的缺陷，平台地板经防滑处理。

处理站可燃气体、硫化氢、二氧化碳检测器布局合理，安装高度距地面0.3~0.6m；释放源处于密闭场所且其密度比空气小时，安装高度高出释放源0.5~2m，且在无强制通风的密闭场所内的最高点易于积聚可燃气体处设置检测器。处理站电动、气动机构，至少有20min的电力、空(氮)气储备。危化品分类存放，有明显的标志和技术说明，并建立出入库台账。

3. 井场规范

井场边界可采取原土边界、井场界桩、界沟、矩形混凝土边界墙、围栏、实体围墙、铁艺围墙等多种方式。其他要求执行各生产经营单位相关标准。布局及征地，井深小于等于1000m永久征地上限为1000m^2(1.5亩)，井深大于1000mm但小于等于3000m征地上限为1500m^2(2.25亩)，井深大于3000m但小于等于5000m征地上限为2400m^2(3.6亩)，井深大于5000m征地上限4900m^2(7.35亩)。同一井场每增加一口井，增加用地面积在单井井场用地面积基础上不超过50%。

井场抑尘治理按不同场景做好站场抑尘措施，保持场地平整、无油污，抽油机、电气、加热炉、储油罐等关键设备周边无杂草。井场入口及设备设施标志警语齐全，工艺流程走向合理、标识清晰，设备设施清洁干净，闸门仪表涂色规范、齐全完好，闸门阀门开关灵活好用、无渗漏。井场设备设施运转平稳，外观整洁，仪器仪表、安全附件齐全完整、灵敏可靠、检定有效，特种设备注册检验有效合格。

4. 涂色规范

注入站储罐、板房及注入橇墙体均为乳白色，橇装房房顶为砖红色。注气井口为海灰色，防喷器为大红色，自喷井采油树涂色与油井一致。地面二氧化碳流程为海灰色。

5. 其他规范

对含硫化氢油井，根据硫化氢含量在井口光杆密封器喷涂不同颜色。根据最近一年检测最高值情况采用不同标识：低于10mg/m^{3}用绿色标识、10~30mg/m^{3}用蓝色标识、30~150mg/m^{3}用黄色标识、高于

$150mg/m^3$用红色标识。照明、应急照明设置符合 GB 50034—2013《建筑照明设计标准》要求。在可视区域的明显最高处应设置风向标。

二、设备设施规范

设备设施本体整洁，外保温严密可靠，基础牢固、无倾斜、接地良好。井口、光杆密封器、防喷器、流程及闸阀压力等级符合要求，布置规范，无跑、冒、滴、漏、锈现象。电气设施布线、接地规范，指示标识清晰准确。抽油设备、机泵等无异常振动，连接部位紧固无松动，转动部位护罩完好。仪器仪表、安全附件安装规范、整齐，检定标签清晰、完整、有效。扶梯扶手、踏板、栏杆齐全，安装牢固。橇装设备或其他密闭空间等应设置固定式二氧化碳泄漏报警及通风联锁装置，灵敏可靠。防雷接地线设置规范。信息化设备安装规范，视频、语音、数据采集、远程控制等信号畅通。

三、标志警语规范

设置安全标志及警语的标志牌制作材质应符合安装位置的环境要求，宜采用坚固、耐用、阻燃的材料制作，推荐使用合金类、夜光类、不锈钢类材质。有触电危险的作业场所使用绝缘材料。

1. 生产现场区域

（1）注入站

① 入口区

应设置：站号、职业病危害公告栏、风险告知(进站须知、应急疏散图)、生产工艺流程图、紧急集合点、进站语音播报(电视屏或语音广播)等。

应设置标志：禁止非工作人员入内、禁止烟火、必须穿戴防护用品。

② 生产区

应设置：1m 宽逃生通道，两边用黄色线(宽度≥10cm)标识。

（2）注入井生产区

应设置：井号、各阀门标号、操作平台、井口围栏、井口地面格栅板、井场围栏、流程走向、告知牌、注入井介绍、地锚、绷绳等。

应设置标志：当心冻伤、高压危险、禁止靠近、禁止攀登、禁止乱动阀门、必须侧身操作阀门、防止窒息。

（3）采出井生产区

应设置：井台、井场围栏、流程走向、采油树、防喷器、油套连通等。

应设置标志：储油罐应设置“严禁烟火、当心滑跌”等标志；抽油机平衡块旋转区域应设置“旋转部位禁止靠近”等标志，抽油机登梯处应设置“先停机后攀登”标志，梯子位置应设置“登高系好安全带”标志；抽油机电动机皮带轮一侧应设置“当心皮带挤伤”标志；抽油机悬绳器应设置“当心碰头挤手”标志；加热炉应设置“先点火后开气、侧身点火”标志。

2. 设备设施

（1）储罐区（二氧化碳、原油、天然气、仪表风储罐）

应设置：压力储罐注册编号、装置简介、流程走向、操作规程、地线标识色、流程巡检通道跨越设施、移动式隔离围栏、卸液停车区黄色警示线、静电释放桩等。

应设置标志：二氧化碳储罐应设置“当心泄漏、当心冻伤、当心窒息、当心雷击、必须消除静电”标志；原油、天然气、仪表风储罐应设置“禁止烟火、当心爆炸、当心滑跌、当心中毒、禁止穿带钉鞋、当心雷击、必须消除静电”标志；控制柜（接线柜）应设置“当心电弧侧身操作”标志。

（2）注气（水）泵区

应设置：装置简介、流程走向、操作规程、接地线标识色等。

应设置标志：噪声有害、当心冻伤、当心高压管线、当心窒息、当心机械伤人、未经允许不得入内、必须穿戴防护用品；泵旋转部位应设置“旋转部位禁止靠近”标志；控制柜应设置“当心电弧侧身操作”标志。

（3）计量分配区

应设置：装置简介、流程分配井号、流程走向、操作规程、地线标识色等。

应设置标志：注意通风、当心冻伤、当心窒息、未经允许不得入内、禁止乱动阀门；控制柜应设置“当心电弧侧身操作”标志。

(4) 交替阀组区

应设置：装置简介、流程分配井号、流程走向、操作规程、地线标识色等。

应设置标志：闸门侧身操作、当心高压管线、禁止乱动阀门、必须穿戴防护用品等。

(5) 值班区

应设置：值班房名称、巡回检查图、岗位应急处置卡、岗位职责。

(6) 配电系统

应设置：名称、固定围栏、控制设备名称等。

应设置标志：控制柜应设置“当心触电、当心电弧、侧身操作”标志；配电柜、配电盘应正确悬挂指示牌“运行、停运、检修、禁止合闸”标志；变压器应设置“当心触电、禁止靠近、禁止乱接设备”标志。

(7) 分离处理区

应设置：装置简介、流程分配站号、操作规程等。

应设置标志：禁止烟火、当心爆炸、当心滑跌、当心中毒、禁止乱动阀门、必须穿戴防护用品等。

(8) 压缩处理区

应设置：装置简介、流程走向、操作规程等。

应设置标志：注意通风、当心冻伤、当心窒息、未经允许不得入内、禁止乱动阀门、必须穿戴防护用品；单体设备应正确悬挂指示牌“运行、停运、检修”标志。

(9) 加药装置区

应设置：药剂危害告知牌(名称、危害告知、使用说明、应急措施等)。

应设置标志：当心中毒、必须通风、必须戴防护手套、必须戴防毒面具、当心药剂溅出伤人等。

3. 安装维护规范

应对标志及警语进行定期目视检查和清洁，对于发现的问题及时整改，如发现褪色或变色、材料明显变形开裂、固定装置脱落、照明亮度不足、遮挡、毁损等任何一项问题，应对标志或警语及时进行更换。

第五节 碳捕集、利用与封存环境监测

由于废弃井或潜伏断层的存在、机械失灵等，二氧化碳地质封存仍存在泄漏风险的可能，并由此对大气、地表水、地下水、土壤等环境介质以及人体、动物等造成影响，因此，二氧化碳地质利用与封存泄漏的风险评价成为 CCUS 示范项目和学术研究关注的热点问题之一。

CCUS 区域环境监测主要针对大气、土壤气、浅层水体等。CCUS 区域环境发生变化时，应及时发现、消除二氧化碳泄漏风险，并做好记录，为二氧化碳封存量核算工作提供数据支撑。见图 4-1。

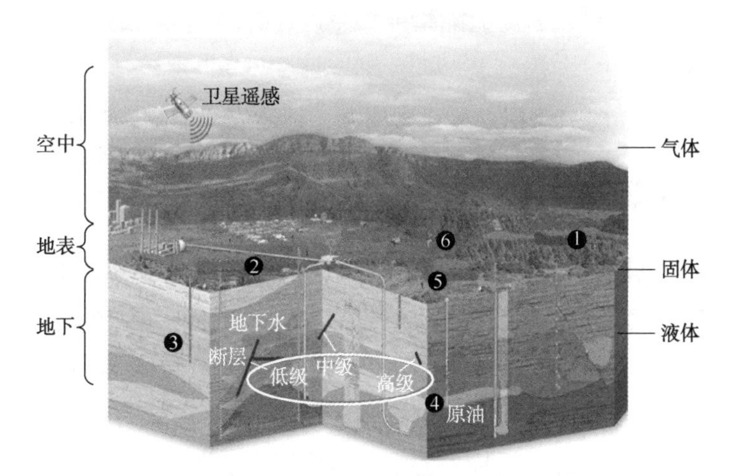

图 4-1　CCUS 环境监测体系

1—大气；2—土壤气；3—地下水；4—原油；5—地面变形；6—植被

一、环境监测目的与基本原则

1. 环境监测目的

CCUS 过程中可能存在二氧化碳逃逸、二氧化碳泄漏、盐水取代地下水、诱发地震、引起地面沉降或升高的风险和危害。二氧化碳泄漏将导致储藏地层中盐水的 pH 值降低，从而使地下水溶解大量的矿物质，释放出铁和锰等金属元素，有机物质也进入地下水，大量的碳酸盐被溶解，污染地下水资源。二氧化碳在空气中的体积超过 3% 即会对人体健康造成危害，甚至窒息。

环境监测主要用于评估驱油封存的二氧化碳是否发生泄漏，为研究二氧化碳驱油对生态环境、人体健康带来影响提供依据；可以使我们及时发现泄漏点，为驱油与封存起到安全预警的作用；可以定量分析二氧化碳地质封存量，借助环境监测得出的二氧化碳释放量反推出二氧化碳的实际封存量。

2. 环境监测基本原则

（1）重点关注二氧化碳可能泄漏的优势通道。这里的优势通道指断层、通天断层、微断层、废弃井、注入井等，二氧化碳一旦遇到优势通道，就发生“空间上的迁移”和“介质中的扩散”，从而使泄漏的可能性增加。

（2）兼顾可操作性及监测成本。

（3）考虑监测数据与泄漏指征关系度，环境监测以浅层(地下200m以内)和地表为主。

（4）考虑断层、盖层二氧化碳泄漏，地质安全监测以深层监测为主。

二、环境监测方法

CCUS环境监测主要包括大气环境监测、土壤环境监测和地下水环境监测三个部分。大气监测主要是监测大气二氧化碳体积分数；地表与浅表监测主要监测地表与浅表的水汽成分与通量、地表形变、土壤水汽理化参数与生态环境等；地下监测和评估的内容包括钻孔的完整性与盖层密封性、二氧化碳与反应物运移(溶质迁移)范围、地下压力影响范围、地质力学影响等；并在地下监测基础上开展相应的安全评估与风险管理。目前已经用于CCUS的场地监测技术包括三维地震探测、多分量微震监测、微震监测、地球物理测井、地球化学测井、井底压力与温度监测、气泡检测和土壤气体浓度与通量等，但这些技术在针对二氧化碳特征监测与结果解释的精度和可靠性上还需进一步提升。

1. 大气环境监测

大气环境二氧化碳浓度监测最常用的技术有红外线气体监测技术、大气二氧化碳示踪监测技术和大气二氧化碳通量监测技术三种。大部分二氧化碳浓度(红外线气体)监测技术都是根据二氧化碳近红外吸收光谱的相关特点开展的。目前，已被使用的是红外气体分析仪检测技术，属于便携式现场直接点式监测，精度高、响应速度快，缺点是区域面积测量不便且成本高。开放式路径红外探测和调制激光检测技术，是激光束从发射器发射脉冲到反射器，将信号反馈到初端探测器，测量二氧化碳的累积浓度，优点是覆盖面积广，缺点是性能不稳定。

大气二氧化碳示踪监测技术即通过利用大气中的天然示踪剂监测二氧化碳地质储存工程是否出现二氧化碳泄漏的技术方法。该方法是在封存气体内添加一些示踪物质，如六氟化硫(SF_6)、全氟化碳同位素示踪剂(PFT)等，在封存二氧化碳以后，就可以对大气中一些示踪剂如六氟化硫等的具体浓度进行监测，若监测发现其变化显著，就说明有二氧化碳泄漏且能计算出具体的泄漏量。当然，此类手段也存在一些不足，如其气相色谱仪等监测装置价格昂贵，无法适应野外环境下的长期监测，且有些示踪剂也属于温室气体，存在潜在的环境风险。

大气二氧化碳通量监测技术多采用涡度相关法(Eddy Covariance，EC)来达到目的。在微气象监测中，EC 方法较为完善，已然成为二氧化碳地质储存重要的监测手段之一，并被广泛采用，其优势在于监测范围广、可自动监测、不干扰周围环境等，不足之处在于研究地点过分依赖于气象和地形条件，不但需要对诸多复杂的数据信息进行处理，而且很难快速对其泄漏量进行判断，只有综合分析长期监测的数据信息，才能够明确其泄漏量。

2. 土壤环境监测

通过监测土壤中某些参数，来判断二氧化碳泄漏情况。二氧化碳一旦泄漏到地表，其他轻的烃类气体也会到达浅层土壤。通过监测碳 13 含量、轻的烃类气体如甲烷浓度，以及土壤二氧化碳浓度随注气时间的变化情况，不仅可以判断二氧化碳是否泄漏，还能计算其泄漏量。氡、钍等惰性气体性质稳定，不会干扰二氧化碳源解析，是良好的监测指示指标，不过与二氧化碳、甲烷等相比，其价格更为昂贵且方法更为复杂。

土壤环境监测方法通常有封闭式动态累积室测量法、开放式动态累积室测量法和封闭式静态累积室测量法三种。其中，开放式动态累积室测量法是测量土壤二氧化碳通量的方法中最为可靠的一种。此外，还可以通过基于热导性能的监测方法进行监测，即通过基于分布式热式传感器对水平测井温度分布进行监测，从而判断是否出现二氧化碳泄漏现象。学者 Hurter 对比了光纤 DTS 系统和温度记录仪监测效果的优劣，通过收集和分析其热异常信号，可在井间(注入井与监测井)距离大于50m 的监测井中监测到二氧化碳的泄漏情况。

3. 地下水环境监测

如果二氧化碳从深部地下储层发生泄漏，向上运移进入浅层地下水含水层，就会导致含水层化学成分、离子含量、pH、温度、压力、导电性、热传导性能等发生变化。基于此，可以通过开展地下水环境监测，来鉴别和评价二氧化碳泄漏情况。地下水环境监测有现场测定和实验室测试两种。对于 pH、水温、电导率及游离二氧化碳、亚硝酸根、氧化还原电位(Eh)等极易发生变化的监测指标，可通过传感器实时或现场测定；其他监测指标可通过实验室 ICP-MS 开展水质全分析、水质简分析来测定。

目前地下水环境监测技术方法已较为成熟，美国 Lawrence Berkeley 实验室和 Los Alamos 实验室、澳大利亚 CO_2-CRC 中心以及中国地质调查局水文地质环境地质调查中心等国内外研究团队在此方面已经做了大量的工作，针对不同的泄漏方式和泄漏地点，提出了很多二氧化碳泄漏监测方法。

比较常见的有基于压力变化的监测方法、热导性能监测方法、pH 测量传感器监测方法和地球化学效应监测方法等。基于压力变化的监测方法几乎已应用到目前所有的 CCUS 项目中，即对封存蓄积层或含水层压力进行监测来保证二氧化碳封存的安全性，比如油气田用井下 PDG 系统连续监测井底的压力和温度等。pH 测量传感器监测方法即通过测量对二氧化碳在储层中扩散运移行踪具有明显指示作用的指标的 pH 值变化来监测其泄漏情况，但传统深层地下水 pH 值监测技术方法会有电路整机超低功耗、高精度补偿算法电极漂移等一系列问题。中国地质调查局水文地质环境地质调查中心研制出了 pH 值深层原位自动监测系统，解决了类似问题，可在 1500m 深度实现实时监测。地球化学效应监测方法主要监测由二氧化碳的加入引起的矿物质溶解、迁移和沉降变化，常用氧化-还原电位计、离子选择性电极等进行监测。

其他还有基于电阻率的监测方法、航空电磁测量技术、电动力势能监测方法以及二氧化碳驱油烃类和有机物监测方法等。

第五章

碳捕集、利用与封存应急管理

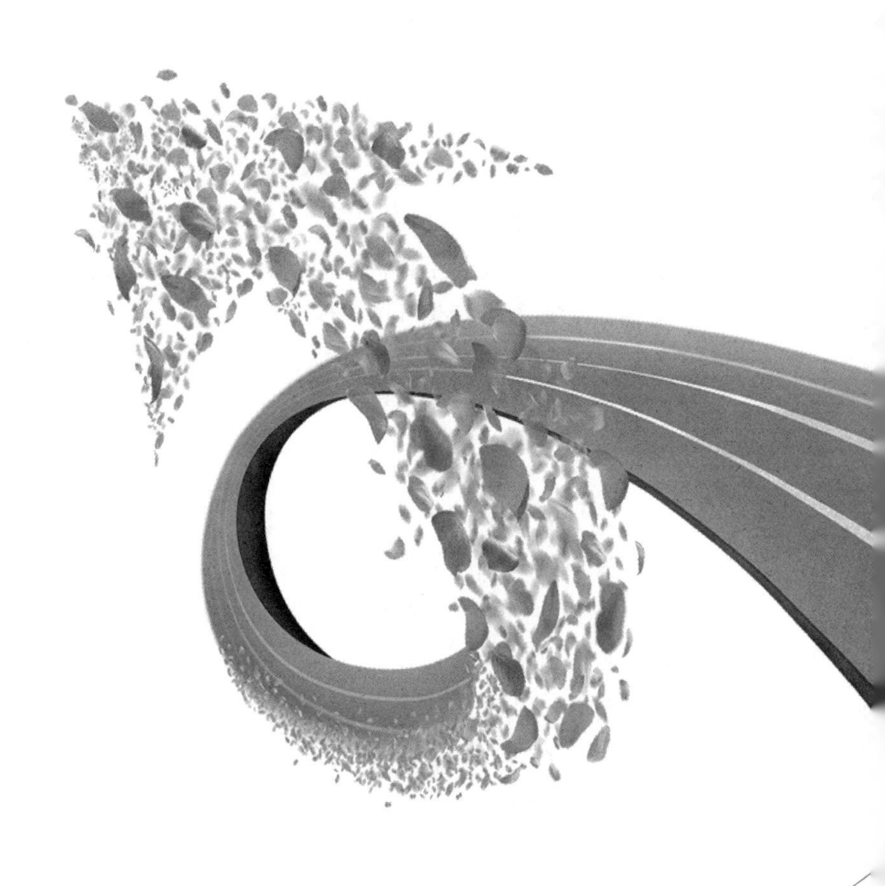

应急管理是指在突发事件的事前预防、事发应对、事中处置和善后恢复过程中，通过建立必要的应对机制，采取一系列必要措施，应用科学、技术、规划与管理等手段，保障公众生命、健康和财产安全，促进社会和谐健康发展的有关活动。应急管理工作内容概括起来叫作“一案三制”：“一案”是指应急预案，就是根据发生和可能发生的突发事件，事先研究制订的应对计划和方案；“三制”是指应急工作的管理体制、运行机制和法制。CCUS 的应急管理，与通用应急管理的内涵一致，包括预防、准备、响应和恢复四个阶段。

第一节　应急管理的方针与原则

一、应急管理指导方针

应急管理的指导方针是“居安思危，预防为主”。预防理念在应急管理中有着重要的地位，安全管理最理想的状态是少发生或不发生突发事件，不得已发生了事件就要有力有序有效地进行应急处置，做到平时重预防，事发少损失。

二、应急管理基本原则

1. 以人为本，减少危害

把保障公众健康和生命安全作为首要任务，凡是可能造成人员伤亡的突发事件要及时采取人员避险措施；突发事件发生后，要优先开展抢救人员的紧急行动；抢险过程要加强抢险救援人员的安全防护，最大限度地避免和减少人员伤亡。采取的处置措施应与突发事件造成的社会危害的性质、程度、范围和阶段相适应，有多种处置措施可供选择的，应选择对公众利益损害较小的处置措施，对公众的合法利益所造成的损失应给予适当的补偿。

2. 居安思危，预防为主

增强忧患意识，高度重视安全工作，居安思危，常抓不懈，防患于未然。坚持预防与应急相结合，常态与非常态相结合，做好应对突发事件的思想准备、预案准备、组织准备以及物资准备等。对现有的安全生产监测、预测、预警等信息系统进行整合，建立网络互连、信息共享、科学有效的防范体系。

3. 统一领导，分级负责

在党中央、国务院的统一领导下，建立健全分类管理、分级负责，条块结合、属地管理为主的应急管理体制，在各级党委领导下，实行行政领导责任制。整合现有的应急指挥和组织网络，建立统一、科学、高效的指挥体系，根据突发事件的严重性、可控性、所需动用的资源、影响范围等因素，启动相应的预案。

4. 依法规范，加强管理

妥善处理应急措施和常规管理的关系，合理把握非常规措施的运用范围和实施力度，使应对突发事件的工作规范化、制度化、法治化。实行应急处置工作各级行政领导责任制，依法保障责任单位、责任人员按照有关法律法规和规章以及预案的规定行使权利。在必须立即采取应急处置措施的紧急情况下，有关责任单位、责任人员应视情临机决断，控制事态发展，对不作为、延误时机、组织不力等失职、渎职行为依法追究责任。加强对现有应急处置资源的整合，建立分工明确、责任落实、常备不懈的应急保障体系。

5. 快速反应，协同应对

建立健全以专业技术人员为主导，综合性消防救援队伍为主力，地方专业应急救援队伍和社会力量为辅助的应急力量体系。健全完善快速反应、协调联动机制，强化与相邻单位的协同，加强信息沟通和资源共享，联合开展应急演练，形成反应灵敏、功能齐全、协调有序、运转高效的应急管理机制。

6. 依靠科技，提高素质

加强本质化安全提升研究和技术攻关，采用先进的预测、预警、预防和应急处置技术及设备，提高应对突发事件的科技水平和指挥能力。充分发挥专家在突发事件的信息研判、决策咨询、专业救援、应急抢险、事件评估等方面的作用。有序组织和动员社会力量参与突发事件应急处置工作；加强宣传和培训教育工作，提高公众自我防范、自救互救等能力。

第二节　应急预防与准备

应急预防与应急准备是做好应急管理工作的重要基础。应急预防是指通过安全管理和安全技术等手段，防止事故的发生或降低事故后果的严重程度。应急准备是指针对可能发生的事故，为迅速有效地开展应急行动而预先所做的各种准备，包括应急机构的设立、职责的落实、预案的编制、应急队伍的建设、应急设备(施)、物资的准备和维护、预案的演练、与外部应急力量的衔接等，目的是提高应急行动能力及加快应急响应。

CCUS应急预防与准备主要包括应急风险分析、应急准备等。其中，应急准备又包括预案准备、技术准备、人力准备、物资准备等。本节将重点讲述应急风险分析、应急预案编制以及应急物资准备等内容。

一、应急风险分析

1. 工艺流程应急风险分析

根据二氧化碳存在的窒息性、腐蚀性、强节流效应(J-T效应)、溶解性等危险特性，按CCUS工艺流程不同阶段，分析可能出现的主要事故事件。

二氧化碳捕集过程可能发生容器爆炸、冻伤、物体打击、机械伤害、窒息、触电等突发事件。

二氧化碳输送过程可能发生窒息、冻伤、物体打击、物理爆炸、触电、电气火灾、高处坠落等突发事件，以及通信故障、仪表故障、自控联锁故障、管道泄漏监测报警等生产异常。

二氧化碳装卸过程可能发生物体打击、车辆伤害、窒息、冻伤等突发事件。

二氧化碳注入过程可能发生容器爆炸、冻伤、物体打击、机械伤害、窒息等突发事件，以及通信故障、仪表故障、自控联锁故障、井口压力监测报警等生产异常。

二氧化碳驱采出过程可能发生冻伤、物体打击、机械伤害、窒息等突发事件，以及通信故障、仪表故障、井口压力监测报警等生产异常。

二氧化碳驱集输处理过程可能发生火灾爆炸、物体打击、高处坠落、容器爆炸、中毒窒息、灼烫、触电等突发事件，以及通信故障、仪表故障、自控联锁故障、井口压力监测报警等生产异常。

2. 应急处置基本原则

（1）生命安全

最大限度地保障人的生命安全，将保障人员生命安全作为应急处置过程的首要原则，最大限度减少突发事件所造成的人员伤亡，确保应急人员自身安全、搜救遇险人员、抢救受伤人员、隔离疏散周边民众。

（2）初期处置

最大限度地发挥“初期处置”的作用，高度重视突发事件的先期处置，严格落实主体责任，快速、有效地进行事件初期处置，控制事态、降低危害。

（3）“135”原则

应急处置“135”原则，做到就近处置、高效联动，即1min内应急响应，及时采取能量隔离、切断物料等关键操作动作，确保事态不扩大；3min内退守稳态，并下达指令；5min内消气防联动，消气防救援力量于5min内到达现场配合开展应急处置工作。

3. 典型风险分析

（1）二氧化碳泄漏事件

若二氧化碳场站设备、阀门以及输送管线的连接部位密封不严或失效，可能造成二氧化碳泄漏。若管线存在本体或焊接缺陷，在升压过程中，容易出现变形、断裂，造成二氧化碳泄漏。若出现误操作、控制系统失灵、安全阀或防控系统失效等情况，导致管线压力超过设计压力、管线焊口或本体破裂，会造成二氧化碳泄漏。若管线巡护不到位，管线周边存在外部施工作业、人为破坏等情况，会导致二氧化碳泄漏；二氧化碳泄漏后可能导致人员窒息、冻伤。

（2）管线冻堵

由于连接部位密封不严、泄漏点泄漏量大、放空操作不当等原因，液态二氧化碳随着压力骤降气化，带走大量的热，在泄漏点形成低温，导致产生干冰，造成管线局部截面积变小或堵塞。投产前对管线内部存水清扫不干净，投入二氧化碳后管线压力、温度变化后，形成水合物造成管线局部截面积变小或堵塞。

(3) 供电系统风险

由于电气设备短路、输电线路断线、继电保护装置故障等原因，可能造成管线首站、末站、中间阀室以及注入站等失电，若处置不当，可能造成管线憋压破裂、降压相态变化，出现二氧化碳泄漏等次生灾害。

(4) 公共安全事件

可能受到极端分子或组织在高后果区管段实施蓄意破坏活动，造成严重危害或舆论影响。

(5) 各类设备设施异常

各类设备设施众多，部分设备属于新型设备，可能存在由于设备质量缺陷、安装不合格、未按规定调试试验、检测仪表故障、操作不当等原因，导致设备运行出现各类异常。可能遇到暴雨、台风、大风、雷电、寒潮等气象灾害，若应对不当，可能造成设备损坏。

二、应急预案编制

应急预案编制应当遵循以人为本、依法依规、符合实际、注重实效的原则，以应急处置为核心，体现自救互救和先期处置的特点，做到职责明确、程序规范、措施科学，尽可能简明化、图表化、流程化。

CCUS 的应急预案编制与通用应急预案相似，应符合各级监管要求，应严格执行《生产安全事故应急预案管理办法》(应急管理部令 第 2 号)、GB/T 29639—2020《生产经营单位生产安全事故应急预案编制导则》要求，结构要素不漏项、处置程序相对完整。

1. 基本要素及要求

(1) 编制要素

应急预案编制重点：

① 依据事故风险评估及应急资源调查结果，结合本单位组织管理体系、生产规模及处置特点，合理确立本单位应急预案体系。

② 结合组织管理体系及部门业务职能划分，科学设定本单位应急组织机构及职责分工。

③ 依据事故可能的危害程度和区域范围，结合应急处置权限及能力，清晰界定本单位的响应分级标准，制定相应层级的应急处置措施。

④ 按照有关规定和要求，确定事故信息报告、响应分级与启动、指挥权移交、警戒疏散方面的内容，落实与相关部门和单位应急预案的衔接。

（2）基本要求

① 实用好用

应急预案应坚持问题导向，力求实用好用。基于风险编写预案，结合现有风险清单和同行业典型案例等资料，认真辨识评估可能发生的事故风险。突出处置动作，组织机构、处置程序等内容贴近实际进行简化，应急处置表以外所有内容精简，在满足法规要求前提下，尽量优化精简，多用图表形式，针对泄漏、火灾爆炸、人员窒息和冻伤、异常工况等具体风险和场景编写的应急处置内容表单化，并尽量分页展示、适当颜色标识，力求要素条理清晰，便于查阅使用。

② 关口前移

应急预案应注重异常处置，推动应急关口前移。目前法规只要求针对生产安全事故编制应急预案，但考虑到多数生产安全事故发生前已经出现异常，为最大限度避免事故发生，将应急处置动作从法规要求的事故发生后往前扩展到发现异常阶段，按照“135”原则，重点明确一线岗位的初期处置内容。

③ 重点突出

应急预案应重点突出，厘清现场处置方案和应急处置卡的关系应该是各司其职、各有侧重。现场处置方案内容相对完整，覆盖从异常初期处置到应急响应结束的全流程，主要用于日常培训、应急演练。应急处置卡作为现场处置方案的简明版应用载体，是将应急关键动作摘录出来，只说重要的核心内容，主要用于应急提示。

2. 应急预案框架示例

应急预案分为综合应急预案、专项应急预案和现场处置方案。生产经营单位应当根据有关法律、法规和相关标准，结合本单位组织管理体系、生产规模和可能发生的事故特点，科学合理确立本单位的应急预案体系，并注意与其他类别应急预案相衔接。对于事故风险单一、危险性

小的，可只编制现场处置方案。

(1) 综合应急预案框架示例

综合应急预案是指生产经营单位为应对各种生产安全事故而制定的综合性工作方案，是本单位应对生产安全事故的总体工作程序、措施和应急预案体系的总纲。

① 总则

a. 适用范围。说明应急预案适用的范围。

b. 响应分级。依据事故危害程度、影响范围和生产经营单位控制事态的能力，对事故应急响应进行分级，明确分级响应的基本原则。响应分级不可照搬事故分级。

② 应急组织机构及职责

明确应急组织形式(可用图示)及构成单位(部门)的应急处置职责。应急组织机构可设置相应的工作小组，各小组具体构成、职责分工及行动任务以工作方案的形式作为附件。

③ 应急响应

a. 信息报告。分为信息接报和信息处置与研判两步。

信息接报：明确应急值守电话、事故信息接收、内部通报程序、方式和责任人，向上级主管部门、上级单位报告事故信息的流程、内容、时限和责任人，以及向本单位以外的有关部门或单位通报事故信息的方法、程序和责任人。

信息处置与研判：明确响应启动的程序和方式。根据事故性质、严重程度、影响范围和可控性，结合响应分级明确的条件，可由应急领导小组作出响应启动的决策并宣布，或者依据事故信息是否达到响应启动的条件自动启动。若未达到响应启动条件，应急领导小组可作出预警启动的决策，做好响应准备，实时跟踪事态发展。响应启动后，应注意跟踪事态发展，科学分析处置需求，及时调整响应级别，避免响应不足或过度响应。

b. 预警。分为预警启动、响应准备和预警解除三步。

预警启动：明确预警信息发布渠道、方式和内容。

响应准备：明确作出预警启动后应开展的响应准备工作，包括队伍、物资、装备、后勤及通信。

预警解除：明确预警解除的基本条件、要求及责任人。

c. 响应启动。确定响应级别，明确响应启动后的程序性工作，包括应急会议召开、信息上报、资源协调、信息公开、后勤及财力保障工作。

d. 应急处置。明确事故现场的警戒疏散、人员搜救、医疗救治、现场监测、技术支持、工程抢险及环境保护方面的应急处置措施，并明确人员防护的要求。

e. 应急支援。明确当事态无法控制情况下，向外部(救援)力量请求支援的程序及要求、联动程序及要求，以及外部(救援)力量到达后的指挥关系。

f. 响应终止。明确响应终止的基本条件、要求和责任人。

④ 后期处置

明确污染物处理、生产秩序恢复、人员安置方面的内容。

⑤ 应急保障

a. 通信与信息保障。明确应急保障的相关单位及人员通信联系方式和方法，以及备用方案和保障责任人。

b. 应急队伍保障。明确相关的应急人力资源，包括专家、专兼职应急救援队伍及协议应急救援队伍。

c. 物资装备保障。明确本单位的应急物资和装备的类型、数量、性能、存放位置、运输及使用条件、更新及补充时限、管理责任人及其联系方式，并建立台账。

d. 其他保障。根据应急工作需求而确定的其他相关保障措施(如能源保障、经费保障、交通运输保障、治安保障、技术保障、医疗保障及后勤保障)。

(2) 专项应急预案

专项应急预案是指生产经营单位为应对某种或者多种类型生产安全事故，或者针对重要生产设施、重大危险源、重大活动防止生产安全事故而制定的专项工作方案。专项应急预案与综合应急预案中的应急组织机构、应急响应程序相近时，可不编写专项应急预案，相应的应急处置措施并入综合应急预案。

① 适用范围

说明专项应急预案适用的范围，以及与综合应急预案的关系。

② 应急组织机构及职责

明确应急组织形式(可用图示)及构成单位(部门)的应急处置职责、应急组织机构以及各成员单位或人员的具体职责。应急组织机构可以设置相应的应急工作小组，各小组具体构成、职责分工及行动任务建议以工作方案的形式作为附件。

③ 响应启动

明确响应启动后的程序性工作，包括应急会议召开、信息上报、资源协调、信息公开、后勤及财力保障工作。

④ 处置措施

针对可能发生的事故风险、危害程度和影响范围，明确应急处置指导原则，制定相应的应急处置措施。

⑤ 应急保障

根据应急工作需求明确保障的内容。

(3) 现场处置方案

现场处置方案是指生产经营单位根据不同生产安全事故类型，针对具体场所、装置或者设施所制定的应急处置措施。现场处置方案重点规范事故风险描述、应急、工作职责、应急处置措施和注意事项，应体现自救互救、信息报告和先期处置的特点。

① 事故风险描述

简述事故风险评估的结果(可用列表的形式附在附件中)。

② 应急工作职责

明确应急组织分工和职责。

③ 应急处置

a. 应急处置程序。根据可能发生的事故及现场情况，明确事故报警、各项应急措施启动、应急救护人员的引导、事故扩大及同生产经营单位应急预案的衔接程序。

b. 现场应急处置措施。针对可能发生的事故从人员救护、工艺操作、事故控制、消防、现场恢复等方面制定明确的应急处置措施。

c. 明确报警负责人及报警电话，以及上级管理部门、相关应急救援单位联络方式和联系人员、事故报告基本要求和内容。

④ 注意事项

包括人员防护和自救互救、装备使用、现场安全方面的内容。

3. 二氧化碳泄漏应急处置方案示例

(1) 事故描述及应急处置原则

① 发生区域

二氧化碳输送管道场站、阀室、干线、支线等。

② 导致事故可能原因

密封失效、应力损坏、第三方外力破坏、误操作、控制系统失效等。

③ 处置原则

a. 人员抢救。人员搜救、转移伤员，进行现场急救和专业救护。

b. 控制危险源。切断泄漏源或尽量降低泄漏量。

c. 最大限度地避免次生灾害。在应急处置过程中，应充分考虑、研判次生灾害及其可能的影响范围，采取相关应急防控措施，避免污染的扩大。

d. 现场警戒。疏散无关人员，科学划定警戒区。

④ 注意事项

a. 现场指挥部必须设立在泄漏点的上风口，现场指挥人员必须佩戴明显标识。

b. 如需进入现场控制，必须佩戴四合一便携式检测仪，正确穿戴劳动防护用品。

c. 报警时，报警情况应包括以下内容：单位名称、发生时间、地点、部位、流程名称及运行参数、介质名称、现场泄漏量和范围；人员伤亡情况；已采取的措施、周边地理和路况等。

d. 做好抢险现场周边的舆情管控工作，告知并阻止无关人员拍摄行为。

e. 对因外部施工破坏造成的管线泄漏，应及时拍照取证，并第一时间向现场应急指挥部汇报。

f. 在无法控制泄漏的情况下，有权直接下达撤离指令，减少人员伤亡。

(2) 增压泵前低温低压二氧化碳泄漏

① 发现确认

a. 信息化巡检。生产指挥中心监控岗通过 SCADA 系统发现数据异常或现场二氧化碳报警器、管道监控系统报警。

b. 现场巡检。班站员工通过巡线或根据生产指挥中心指令进行异常巡检，发现或确认现场泄漏情况。

c. 核实确认。生产指挥中心通知技术管理室、班站进行分析研判和现场核实。根据技术管理室分析研判结果以及班站现场核实情况，确认现场泄漏情况，并向值班领导汇报。

② 报警报告

生产指挥中心监控岗根据值班领导指令，向现场投产指挥部汇报，根据指令通知生产指挥中心，同时通知投产应急抢险人员。报告内容包括事发时间、事故地点、设备设施名称、涉及的危险物质、周边环境、事件初期处置情况、人员伤亡情况、联系人及电话等。

③ 岗位处置

a. 现场班站值班人员接到生产指挥中心指令后，立即组织停泵并切换或关闭流程；停运装车泵并切换流程；停运增压泵，切换换热器等流程；停注入泵，并关闭相应注入流程阀门。

b. 关闭增压泵进口阀门；根据指令组织放空泄压。

c. 现场人员在保障自身安全的同时做好现场泄漏点周围警戒，防止无关人员入内。

d. 做好现场泄漏点周围警戒，防止无关人员入内。

④ 应急响应

现场总指挥接到汇报后，组织应急处置组，携带防寒服、正压式空气呼吸器、便携式二氧化碳检测仪、四合一检测仪以及抢险施工机具器具等应急物资及装备赶赴现场，并及时向应急指挥部汇报情况。应急指挥部组织现场应急处置组赶赴现场处置。

⑤ 工艺调整

根据抢修时间调整工艺运行方式，管线修复前采取拉运的方式，利用旧的注入流程恢复二氧化碳注入；根据非泄漏段的设备、管线压力、温度变化情况及时组织降压或放空等。

⑥ 现场处置

a. 气体检测。监测组使用便携式检测仪在泄漏点下风口进行二氧化碳浓度及有毒有害气体检测，研判应急处置条件，确定安全范围，并进行持续监测。

b. 警戒疏散。警戒疏散组根据确定的安全范围，使用警戒带对抢险现场进行封闭，并做好现场警戒，防止无关人员进入。

c. 技术方案。技术组进行查找确认泄漏点，分析判断泄漏原因，制定处置方案。

d. 施工组织。抢险组组织施工人员、施工机械，对泄漏点处的阀门垫片或阀门进行更换，以及进行管线切割或焊接等应急处置操作。

⑦ 扩大应急

当泄漏失控，现场处置组向应急总指挥汇报，启动直属单位应急预案，并向地方政府进行汇报，组织应急联动。

⑧ 后期处置

a. 管线试压。管线检修或更换后，进行管线试压合格，现场确认达到启运条件后上报现场应急指挥部。

b. 管线投运。现场投产指挥部组织投产恢复。

⑨ 应急终止

确认受伤人员得到救治，环境检测合格，生产恢复正常后，现场总指挥宣布应急终止。

（3）增压泵–换热器段低温高压二氧化碳泄漏

① 发现确认

a. 信息化巡检。生产指挥中心监控岗通过 SCADA 系统发现数据异常或现场二氧化碳报警器、管道监控系统报警。

b. 现场巡检。班站员工通过巡线或根据生产指挥中心指令进行异常巡检，发现或确认现场泄漏情况。

c. 核实确认。生产指挥中心通知技术管理室、班站进行分析研判和现场核实。根据技术管理室分析研判结果以及班站现场核实情况，确认现场泄漏情况，并向值班领导汇报。

② 报警报告

生产指挥中心监控岗根据值班领导指令，向现场投产指挥部汇报，根据指令通知生产指挥中心，同时通知投产应急抢险人员。报告内容包括事发时间、事故地点、设备设施名称、涉及的危险物质、周边环境、事件初期处置情况、人员伤亡情况、联系人及电话等。

③ 岗位处置

a. 现场班站值班人员接到生产指挥中心指令后，立即组织停泵并切换或关闭流程；停运装车泵并切换流程；停运增压泵，切换换热器等；停注入泵，并关闭相应注入流程阀门。

b. 根据泄漏点位置实施流程局部切断。对于站场内泄漏点，关闭泄漏点两端阀门；对于站外干线和支线的泄漏点，关闭两端最近的切断阀。关闭后根据指令组织放空泄压。

c. 现场人员在保障自身安全的同时做好现场泄漏点周围警戒，防止无关人员入内。

d. 针对连接部位因为紧固原因造成泄漏的情况，在做好防窒息和冻伤等安全措施时组织紧固等。

④ 应急响应

现场总指挥接到汇报后，组织应急处置组，携带防寒服、正压式空气呼吸器、便携式二氧化碳检测仪、四合一检测仪以及抢险施工机具器具等应急物资及装备赶赴现场，并及时向应急指挥部汇报情况。应急指挥部组织现场应急处置组赶赴现场处置。

⑤ 工艺调整

根据抢修时间调整工艺运行方式，管线修复前采取拉运的方式，利用旧的注入流程恢复二氧化碳注入；根据非泄漏段的设备、管线压力、温度变化情况及时组织降压或放空等。

⑥ 现场处置

a. 气体检测。监测组使用便携式检测仪在泄漏点下风口进行二氧化碳浓度及有毒有害气体检测，研判应急处置条件，确定安全范围，并进行持续监测。

b. 警戒疏散。警戒疏散组根据确定的安全范围，使用警戒带对抢险现场进行封闭，并做好现场警戒，防止无关人员进入。

c. 技术方案。技术组进行查找确认泄漏点，分析判断泄漏原因，制定处置方案。

d. 施工组织。抢险组组织施工人员、施工机械，对泄漏点处的阀门垫片或阀门进行更换，以及进行管线切割或焊接等应急处置操作。

⑦ 扩大应急

当泄漏失控，现场处置组向应急总指挥汇报，启动直属单位应急预案，并向地方政府进行汇报，组织应急联动。

⑧ 后期处置

a. 管线试压。管线检修或更换后，进行管线试压合格后，现场确认达到启运条件后上报现场应急指挥部。

b. 管线投运。现场投产指挥部组织投产恢复。

⑨ 应急终止

确认受伤人员得到救治，环境检测合格，生产恢复正常后，现场总指挥宣布应急终止。

（4）首站换热器后常温高压二氧化碳泄漏

① 发现确认

a. 信息化巡检。生产指挥中心监控岗通过 SCADA 系统发现数据异常或现场二氧化碳报警器、管道监控系统报警。

b. 现场巡检。班站员工通过巡线或根据生产指挥中心指令进行异常巡检，发现或确认现场泄漏情况。

c. 核实确认。生产指挥中心通知技术管理室、班站进行分析研判和现场核实。根据技术管理室分析研判结果以及班站现场核实情况，确认现场泄漏情况，并向值班领导汇报。

② 报警报告

生产指挥中心监控岗根据值班领导指令，向现场投产指挥部汇报，根据指令通知生产指挥中心，同时通知投产应急抢险人员。报告内容包括事发时间、事故地点、设备设施名称、涉及的危险物质、周边环境、事件初期处置情况、人员伤亡情况、联系人及电话等。

③ 岗位处置

a. 现场班站值班人员接到生产指挥中心指令后，立即组织停泵并切换或关闭流程；停运装车泵并切换流程；停运增压泵，切换换热器等流程；停注入泵，并关闭相应注入流程阀门。

b. 根据泄漏点位置实施流程局部切断。站场内泄漏点关闭泄漏点两端阀门，关闭后根据指令组织放空泄压。

c. 现场人员在保障自身安全的同时做好现场泄漏点周围警戒，防止无关人员入内。

d. 针对连接部位泄漏失效的情况，在做好防窒息和冻伤等安全措施时组织紧固或更换垫片等。

④ 应急响应

现场总指挥接到汇报后，组织应急处置组，携带防寒服、正压式空气呼吸器、便携式二氧化碳检测仪、四合一检测仪以及抢险施工机具器具等应急物资及装备赶赴现场，并及时向应急指挥部汇报情况。应急指挥部组织现场应急处置组赶赴现场处置。

⑤ 工艺调整

根据抢修时间调整工艺运行方式，管线修复前采取拉运的方式，利用旧的注入流程恢复二氧化碳注入；根据非泄漏段的设备、管线压力、温度变化情况及时组织降压或放空等。

⑥ 现场处置

a. 气体检测。监测组使用便携式检测仪在泄漏点下风口进行二氧化碳浓度及有毒有害气体检测，研判应急处置条件，确定安全范围，并进行持续监测。

b. 警戒疏散。警戒疏散组根据确定的安全范围，使用警戒带对抢险现场进行封闭，并做好现场警戒，防止无关人员进入。

c. 技术方案。技术组进行查找确认泄漏点，分析判断泄漏原因，制定处置方案。

d. 施工组织。抢险组组织施工人员、施工机械，对泄漏点处的阀门垫片或阀门进行更换，以及进行管线切割或焊接等应急处置操作。

⑦ 扩大应急

当泄漏失控，现场处置组向应急总指挥汇报，启动直属单位应急预案，并向地方政府进行汇报，组织应急联动。

⑧ 后期处置

a. 管线试压。管线检修或更换后，进行管线试压合格后，现场确认达到启运条件后上报现场应急指挥部。

b. 管线投运。现场投产指挥部组织投产恢复。

⑨ 应急终止

确认受伤人员得到救治，环境检测合格，生产恢复正常后，现场总指挥宣布应急终止。

4. 应急演练

应急预案编制完成后，应开展桌面推演，提升预案的针对性和可操作性。生产经营单位要制定本单位的应急预案演练计划，根据本单位的事故风险特点，每年至少组织一次综合应急预案演练或者专项应急预案演练，每半年至少组织一次现场处置方案演练。应急演练前应编制应急演练方案，具体可参考 AQ/T 9007—2019《生产安全事故应急演练基本规范》。演练后生产经营单位应对应急预案演练效果进行评估，撰写演练评估报告，分析存在的问题，并对应急预案提出修订意见。

三、应急物资准备

应急物资准备应根据 GB 30077—2013《危险化学品单位应急救援物资配备要求》、GB/T 51316—2018《烟气二氧化碳捕集纯化工程设计标准》、GB/T 50493—2019《石油化工可燃气体和有毒气体检测报警设计标准》等标准要求，设置相应的应急物资，建立应急资源库。应急物资和装备应包括消防类应急装备、检测保护类应急装备、防汛类应急装备、井控等专业类应急装备、综合类应急装备、电气类(照明、送风、通信)应急装备等。

应建立应急物资和装备台账，加强应急物资装备的动态管理。台账应包括应急物资和装备类型、名称、单位、数量、性能、存放位置等。CCUS 区域应急库房应急物资和装备台账示例见表 5-1，具体应急物资与装备数量还需结合实际规模与区域大小确定。

表 5-1 CCUS 区域应急库房应急物资和装备台账示例

类型	物品名称	单位	数量	性能	存放位置
消防类	推车式干粉灭火器 35kg	具	2	完好	CCUS 区域应急库房
	手提式干粉灭火器 8kg	具	4	完好	
	消防斧	把	8	完好	
检测保护类	正压式空气呼吸器	件	10	完好	
	便携式四合一气体检测仪	支	5	完好	
	便携式二氧化碳气体检测仪	支	5	完好	
	防寒服	套	5	完好	
	防寒手套	副	5	完好	
	抢险队员袖章	件	24	完好	
	安全警戒带	盒	4	完好	
	风向标	支	1	完好	
	应急演练指示牌	架	7	完好	

续表

类型	物品名称	单位	数量	性能	存放位置
防汛类	汽油水泵机组	套	2	完好	CCUS区域应急库房
	潜水排污泵 30~60m^3/h	台	1	完好	
	潜水排污泵 8~15m^3/h	台	2	完好	
	充气泵	台	1	完好	
	皮叉子	套	4	完好	
	救生衣	件	5	完好	
	水龙带	卷	3	完好	
	砍刀	把	7	完好	
	尖铣	把	2	完好	
	皮划艇	件	2	完好	
	PVC 固体浮子式围油栏	m	40	完好	
	聚丙烯编织袋	条	500	完好	
井控类	HK-4C 型抢换套管闸门装置	套	1	完好	
	套管短节上螺纹抢喷装置	套	1	完好	
	井口法兰抢喷装置	套	1	完好	
	套管短节本体抢喷装置	套	1	完好	
	250 型闸板阀	个	1	完好	
	大法兰扳手	把	1	完好	
	卡箍螺母扳手	把	1	完好	
综合类	管钳 800mm	把	2	完好	
	活动扳手 375mm	把	2	完好	
	梅花扳手	把	1	完好	
	呆头扳手	套	1	完好	
	反光背心	件	4	完好	
	安全帽	顶	6	完好	
	反光背心(黄色)	件	6	完好	
电气类	场地灯	套	2	完好	
	防爆强光手电	支	6	完好	
	橡套电缆 3+1	m	100	完好	
	大灯	套	1	完好	
	闪光警示灯	支	4	完好	
	油锯	件	2	完好	
	动力配电箱	台	1	完好	
	大功率风扇	台	2	完好	

固定式二氧化碳报警器、固定式硫化氢报警器，可根据 GB/T 50493—2019《石油化工可燃气体和有毒气体检测报警设计标准》的规定进行设置。释放源处于露天或敞开式厂房布置的设备区域内，可燃气体探测器距其所覆盖范围内的任一释放源的水平距离不宜大于 10m，有毒气体探测器距其所覆盖范围内的任一释放源的水平距离不宜大于 4m，原则在可能存在有毒有害气体设施附近进行设置。

第三节　应急响应与恢复

应急响应是指事故发生前及发生期间和发生后立即采取救援行动，包括事故的报警与通报、人员的紧急疏散、急救与医疗、消防和工程抢险措施、信息收集与应急决策和外部救援等，目标是尽可能地抢救受害人员、保护可能受威胁的人群，并尽可能控制并避免事故发生。应急恢复是指事故发生后，通过恢复工作，使事故影响区域恢复到相对安全的基本状态，然后逐步恢复到正常状态。需立即进行的恢复工作包括事故损失评估、原因调查、清理废墟等；长期恢复包括厂区重建和受影响区域的重新规划和发展。

一、信息报告与预警

1. 信息报告

（1）信息接报

① 信息接收与通报

突发事故时，事故现场第一发现人立即通过固定电话或移动电话向应急总指挥报告。汇报的内容主要包括事故发生的类型、地点及严重程度，判断事故发生的趋势和可能影响的区域。

内部通报的程序为：事故现场第一发现人→应急总指挥→应急小组组长→兼职应急救援人员。

② 信息上报

事故发生后，生产经营单位应急总指挥（部分单位应急总指挥即主要负责人）接到报告后，应当于 1h 内尽快以电话方式向上级应急管理部门报告。情况紧急时，事故现场有关人员可直接向上级应急管理部门报告。

报告和通报的信息内容如下：

a. 发生事故的单位、时间、地点。

b. 事故类型及现场情况。

c. 事故伤亡情况和初步估计的直接经济损失。

d. 事故的简要经过、涉及的危险物料名称、性质、数量。

e. 事故发展趋势，事故现场风向、可能的影响范围、后果，现场人员和附近人口的分布，其他有关事故应急救援的情况。

f. 事故现场采取的应急救援措施和应急抢救处置的情况，事故的可控情况及消除和控制所需的处理时间等。

g. 事故初步原因判断。

h. 需要启动厂外应急救援的事宜。

i. 事故报告人所在单位、姓名、职务和电话联系方式。

事故报告后出现新情况的，应当及时补报。自事故发生之日起 30 日内，事故造成的伤亡人数发生变化的，应当及时补报。

③ 信息传递

事故发生后，由应急总指挥通过电话、互联网、人员信息传递等通信手段，迅速向周边企业、单位通报事故简况，提醒其做好预防准备，防止事故进一步扩大。

（2）信息处置与研判

根据事故危害程度、影响范围和控制事态的能力，按照分级负责的原则，启动应急响应。若未达到响应启动条件，应急总指挥可作出预警启动的决策，各应急小组要做好响应准备，实时跟踪事态发展。响应启动后，各应急小组应注意跟踪事态发展，科学分析处置需求，及时调整响应级别，避免响应不足或过度响应。

2. 预警

（1）应急监测

CCUS 应充分利用视频监控、管道泄漏监测、井口压力监测等多种方式开展应急监测。

（2）预警条件

依据事故的性质及危害程度、影响范围的判定结果，发出相应的预警信息。当应急指挥中心获得以下信息时，依据可能造成的危害程度、发展情况和紧迫性等因素，及时发布预警。

a. 通过视频监控、管道泄漏监测、井口压力监测等系统，对即将发生或已经发生的突发事件预报预警信息。

b. 基层单位报告的突发事件信息。

c. 基层单位应急响应已启动。

（3）预警方式及内容

预警信息通过电话、通知等，由应急指挥中心发布。预警内容包括事件类型、影响单位、起始时间、可能影响范围、警示事项、应采取的预防措施等。

（4）响应准备

启动预警后，应急指挥中心、应急管理办公室、应急工作组按照应急职责，重点做好以下工作：

a. 跟踪并详细了解事件的发展动态及现场应急处置情况，及时向应急指挥中心汇报、请示并落实指令。

b. 调阅有关设计、图纸、档案等资料，做好与现场的信息传递工作，指导事发单位进行应急处置。

c. 制定应急处置方案，协调应急资源，做好调配工作。

d. 应急工作小组进入警戒状态，随时待命。

（5）预警解除

a. 预警暂停。在应急救援过程中，发现可能直接危及应急救援人员生命安全的紧急情况时，现场指挥部应根据专家意见决定暂停或者终止应急救援。经评估具备恢复施救条件的，应继续实施应急救援。

b. 预警解除。当导致发生生产安全事故的相关危险因素和隐患得到有效控制或消除，伤病员全部得到救治，原患者病情稳定，经风险研判后应急管理办公室向应急指挥中心请示后宣布解除预警。

二、应急启动

依据编制的突发事件现场应急处置方案，成立应急救援小组、建立应急联络通信方式、配备应急救援器材，每月进行演练。在应对事故事件时，严格按照应急预案规范处置，按照事故灾难的可控性、严重程度和影响范围，结合管理要求与实际情况，进行分级响应。

对于先期处置未能有效控制事态的生产安全事故，要及时启动相应等级的应急响应，响应启动后，程序性工作包括应急会议召开、信息上报、资源协调、信息公开、后勤及财力保障工作等。

1. 应急组织机构

CCUS 应急工作的组织机构主要分为技术控制组、现场处置组、现场警戒组、气体检测组、医疗救护组和后勤保障组等，见图 5-1。其中技术控制组、现场处置组、气体检测组和医疗救护组的工作属于核心区处置，现场警戒组和后勤保障组的工作属于非核心区处置。

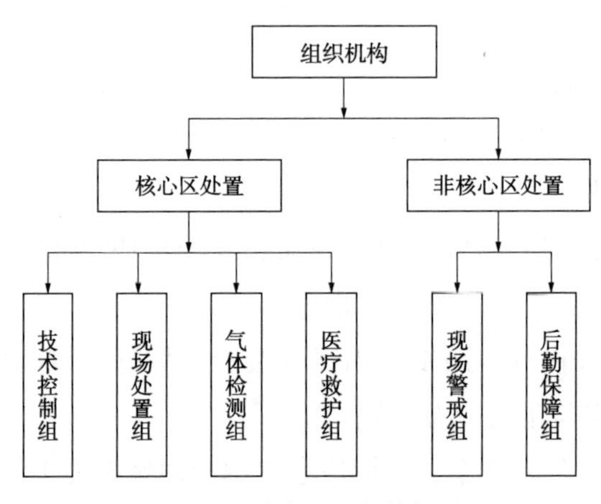

图 5-1　应急组织机构框图

现场应急工作由总指挥统一领导，主要负责：成立应急指挥部，分配应急处置任务；调配应急资源，指挥抢险工作；向上级领导汇报现场情况，请示并落实指令。总指挥下设现场指挥，主要负责：业务范围内突发事件应急处置指挥协调工作；接受总指挥分配的应急处置任务，并组织实施；收集现场信息，核实现场情况，根据现场变化制定和调整现场应急处置方案，并组织实施；向应急指挥人员下达指令，调配内部应急资源，指挥现场抢险工作；向总指挥汇报现场情况、请示并落实指令。

（1）技术控制组

主要负责对异常报警及事故现场的分析研判；组织制定生产运行调整、工艺技术调整、现场抢险以及生产恢复方案。

（2）现场处置组

主要负责在发生突发事件时，按照现场指挥的要求，召集应急处置人员立即集合；抢险人员携带应急工具，执行应急抢险救援等任务；负责切断储液罐出口出液、回气阀门，关闭注入泵进液阀、打开注入管线排放阀，打开注入泵出口排放阀门，切断电源，控制事故扩大；根据现场情况安排执行处置方案；清理现场，恢复生产。

（3）现场警戒组

主要负责组织站区无关人员撤离至上风口紧急集合点；负责事故和灾害现场设立警戒区，设置警戒带，阻止无关人员进入；负责组织外来人员(含施工人员)及车辆疏散；负责监控灾情，保障联络畅通，随时通报现场情况；负责到交叉路口处引导消防、医疗等救援车辆；负责疏导应急通道，确保救援车辆通道畅通；应急处置完成后，负责清点、统计现场人数。

（4）气体检测组

主要负责使用便携式二氧化碳气体检测仪在事故或灾害现场下风口进行有毒有害气体检测；每 10min 向应急指挥部报告有毒有害气体检测情况。

（5）医疗救护组

主要负责携带医药用品，迅速将受伤人员救离现场，协助 120 人员救助；向应急指挥部汇报人员伤亡情况。

（6）后勤保障组

主要负责协调应急处置设备、物资保障；应急车辆驾驶及其他相关工作。

2. 响应流程

应急工作的开展应遵循：发现确认→报警报告→岗位处置→基层单位响应→工艺调整→安全确认→抢险救援→扩大应急→后期处置→应急终止的应急响应流程，见图 5-2。

3. 注意事项

（1）防护器具必须佩戴合格产品，并保证佩戴的正确性，防护器具不可轻易摘取，应急事件过后应对个人的防护器具进行检查，通过专业检测确保无误方可继续使用。

（2）根据现场的实际情况配备相应的抢险救援器材，器材必须是合格物品，使用人员必须对器材有相应的了解。

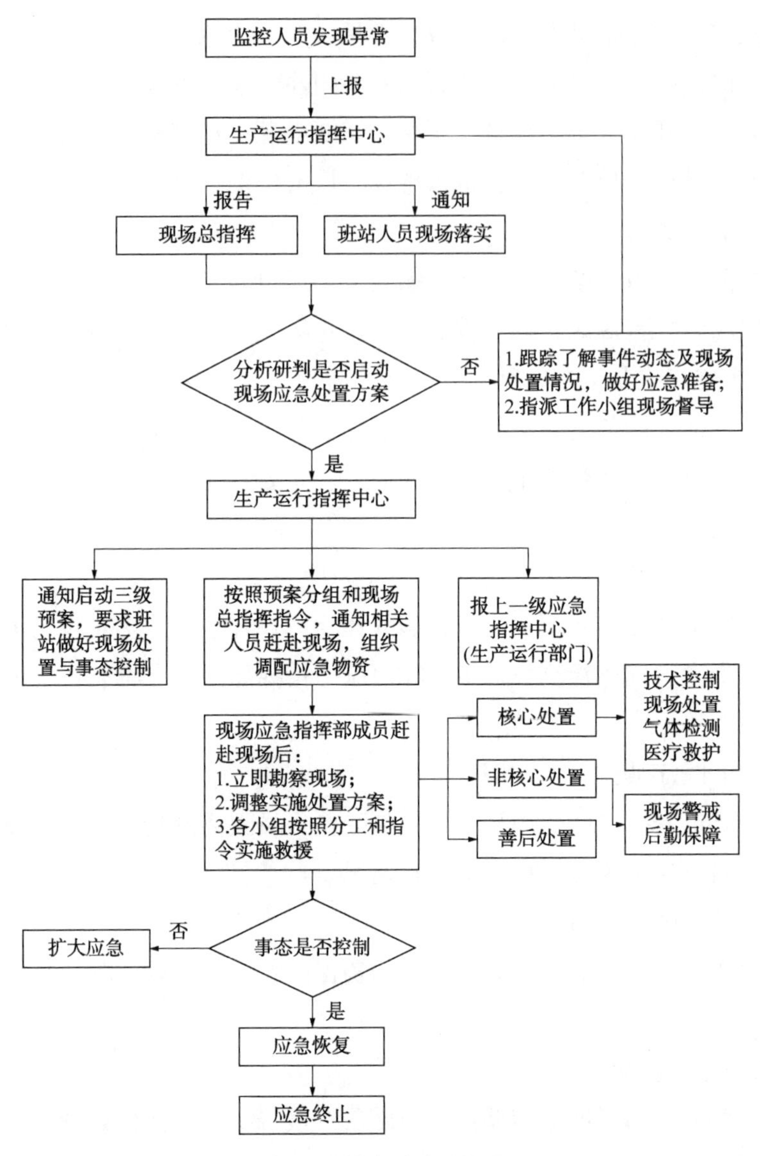

图 5-2　应急响应流程图

（3）处于事故、事件地区的及受到威胁地区的人员，在发生事故、事件后，应根据情况和现场局势，在确保自身安全的前提下，采取积极、正确、有效的方法进行自救和互救。事故、事件不具备抢救条件的应尽快组织撤离。

（4）在自救和互救时，必须保持统一指挥和严密的组织，严禁冒险蛮干和惊慌失措，严禁个人擅自行动。事故现场处置工作人员抢修时，严格执行各项规程的规定，以防事故扩大。

(5) 应急小组领导、应急抢救人员到位并配备抢险器材，确认有能力进行抢救，个人安全防护到位并佩戴正确，物品合格。

(6) 应急救援结束后切勿放松警惕，所有人员必须立即撤离现场远离事发地点，做好人员清点，检查用品给养是否到位。认真分析事故原因，制定防范措施，落实安全责任制，防止类似事故发生。

(7) 对特殊环境下工作期间的人员到岗、标识明确、防护到位等方面情况要进一步完善。根据现场提出其他需要特别警示的事项。

三、应急处置

根据风险评估结果，按照“一事一案”“一井一案”的原则制定应急处置措施。针对 CCUS 的特点，危害主要包括四大类，即二氧化碳管线泄漏(冻堵)、井控失控、人身伤害(窒息、冻伤)、生产参数异常等四类；并选取管道高后果区及其他发生概率较大的事故事件作为典型场景，编制典型事故场景处置措施，其他类似部位发生险情后参照执行。

1. 警戒疏散

疏散警戒组到达现场后，迅速、正确地引导外来人员和非应急救援人员有序地向本单位紧急疏散集合点撤离。做好人员的清点工作，记录所有到达安全区的人员，并根据外来人员登记表、员工出勤表等确定事发现场人员名单，判断是否有被困人员。

2. 人员搜救

警戒疏散组在清点人数后，如果判断有被困人员，应立即报告应急总指挥，应急总指挥要尽快通过移动电话等手段确定人员被困位置，制定安全行进(搜救)路线，迅速组织开展救援工作，积极抢救被困遇险人员。若事故超出本单位救援能力应立即请求上级消防部门的支援。

搜救人员应充分了解事故地点、事故类型、事故范围、遇险人员数量及分布位置，以及现场抢险队伍和应急装备情况。根据需要，增调现场抢险队伍、装备和专家等救援资源。

搜救人员穿戴防护用具和正压式空气呼吸器等装备，按制定好的行进路线进行搜救。各应急救援小组要采取措施控制，为人员搜救创造条件，保证搜救人员的安全。若危及搜救人员安全时，搜救人员应及时撤离，等待专业队伍的支援。

3. 医疗救治

若事故造成人员伤亡，后勤保障组要做好卫生应急救援，有效处置，及时送往医院救治。事故应急救援结束后，还要及时跟进伤员治疗情况，保证受伤人员得到有效救治。

4. 现场监测

二氧化碳或其他有毒有害物质泄漏，后勤保障组应协助环境检测人员对周边环境进行监测，对事故现场进行摄像或拍照。环境检测人员应根据本单位现有的仪器、设备，并根据事故区域的情况在尽可能短的时间内，作出定性、定量分析，从而确定泄漏物质的浓度、范围及其可能带来的危害。现场监测过程中，若本单位检测人员或设备不能完全满足检测需要，要立即向应急总指挥报告，由应急总指挥向上级环境部门请求支援。有限空间中毒窒息事故时，后勤保障组应对有限空间内的氧含量进行检测，并将检测数据及时传达给抢险抢修组。

5. 技术支持

应急专家到达事故现场后，及时分析事故的特征、影响程度、发展趋势，进行救援风险评估，从技术的角度向现场应急总指挥或应急救援小组提出事故处置要点及防护措施等建议。

6. 环境保护

对于因火灾事故抢险产生的消防废水，通过现有事故应急池收集系统，将消防废水排入厂区事故应急池内储存。事故应急池内废水回用要到生产或委托有资质单位进行处置。

事故现场发生化学品泄漏事故后，尽可能控制和缩小已排出的污染物的扩散、蔓延范围，把突发环境事件危害降低到最低程度。如果现场备有有效的堵漏工具或设备，操作人员在保障自身安全的前提下进行堵漏，及时对现场泄漏物进行收容，防止二次事故的发生。

地面泄漏物的处置方法主要有：围堤堵截，然后用移动泵泵入应急池或容器内收集；充分利用厂区现有事故应急水收集系统，将泄漏物导入应急系统的沟槽内，使其自流进入厂区事故应急池。

泄漏物收容后，由于事故现场还有污染物残留，应用大量清水对地面进行冲洗，冲洗废水排入事故应急池。事故应急池内废水回用要到生产或委托有资质单位进行处置。

四、应急支援

当事故无法控制的情况下，应急总指挥下达全部或部分人员撤离的指令，向上级应急管理、消防等部门和友邻单位通报事故情况，请求支援。

在外部救援力量到达前应保持与各部门和友邻单位的应急联动，应急总指挥应将最新的事故信息、事故研判情况和先期处置的情况报送给各类应急救援力量，保证其能做好应急救援准备。外部各类应急救援力量有加强信息共享、灾情联合研判、应急相互协调配合等应急联动要求时，本单位应急救援组织应积极配合，做好外部救援力量决策和技术支持等辅助工作。

外部救援力量到达后，应急总指挥负责迎接并引导各类外部救援力量进入事故现场，负责协调现场救援人员所需物资、器材的保障工作。本单位应急救援力量在外部各类应急救援力量统一领导下开展应急救援工作。

五、响应终止

当事故得以控制，事故现场安全环境符合有关标准，事故导致的次生、衍生事故隐患消除后，经应急总指挥批准后，现场应急结束。

应急解除判别标准：

① 事故现场得以控制，环境处置符合国家及地方政府的有关标准；

② 危害已经消除，对周边地区构成的威胁已经得到排除；

③ 现场抢救活动(包括搜救、险情及隐患的排除等)已经结束，被紧急疏散的人员已经得到良好的安置或已经安全返回原地。

六、后期处置

1. 污染物处理

事故应急救援过程中所使用的灭火药剂及其他化学物质应在化学处理经化验达到中性并无残留有毒物质后，方可冲洗排入事故收集池，回用于生产。

2. 事故后果影响消除

对事故发生现场开展全面安全检查，排查安全隐患，采取相应的防范措施，杜绝类似事故发生的可能。同时，对事故发生的后果进行评估，消除各类影响正常生产秩序的负面消极因素。

3. 生产秩序恢复

应急结束后，由本单位主要负责人组织恢复生产秩序。确认事故现场无隐患后，对生产设备进行检查、调试，尽快恢复生产，尽可能地降低事故损失。

4. 人员安置

应急结束后，本单位负责人应第一时间对于事故受灾人员进行妥善安置，及时送伤者去医院治疗，及时联系死者家属进行善后工作。对于现场其他职工，根据其实际情况，进行安排，在本单位恢复生产之前，根据相关法律法规，保障本单位职工的合法权益和基本生活需要。在本单位作出恢复生产决议前，应提前通知职工，与职工做好沟通并积极采纳职工意见。

5. 善后赔偿

成立事故调查小组，根据事故调查报告确定的责任分担，开展善后赔偿工作，保证伤者及时得到治疗、死亡职工得到善后处理，积极协助开展保险理赔，使受灾人员得到合理、妥善安排。

参考文献

[1] 张贤，杨晓亮，鲁玺等. 中国二氧化碳捕集利用与封存(CCUS)年度报告(2023)[R]. 中国21世纪议程管理中心，全球碳捕集与封存研究院，清华大学. 2023.

[2] 陈兵，白世星. 二氧化碳输送与封存方式利弊分析[J]. 天然气化工(C1化学与化工)，2018，43(02)：114-118.

[3] 秦积舜，李永亮，吴德斌，等. CCUS全球进展与中国对策建议[J]. 油气地质与采收率，2020，27(01)：20-28.

[4] 凌定元. 温室效应危害及治理措施[J]. 纳税，2018(13)：252.

[5] 郑学栋，张松涛. 燃煤电厂 CO_2 捕集技术与经济分析[J]. 上海化工，2011，36(05)：19-23.

[6] 廖睿灵. 首个百万吨级CCUS项目建成投产[N].《人民日报》(海外版)，2022-08-30(003).

[7] 廖睿灵. 重大工程彰显中国实力[J]. 智慧中国，2023(01)：27-30.

[8] 张军，李桂菊. 二氧化碳封存技术及研究现状[J]. 能源与环境，2007(02)：33-35.

[9] 陈铭. 采空区煤岩对 CO_2 的吸附特性实验研究[D]. 辽宁工程技术大学，2009.

[10] 韩学义. 电力行业二氧化碳捕集、利用与封存现状与展望[J]. 中国资源综合利用，2020，38(02)：110-117.

[11] 胡其会，李玉星，张建，等. "双碳"战略下中国CCUS技术现状及发展建议[J]. 油气储运，2022，41(04)：361-371.

[12] 程亮，范智慧，陈海雄，等. 全球CCS/CCUS项目实践"有得有失"[J]. 中国石化，2022(11)：69-72.

[13] 马腾，闫景. 煤化工捕碳：榆林把成本降下来了[N]. 榆林日报，2022-07-01(003).

[14] 米剑锋，马晓芳. 中国CCUS技术发展趋势分析[J]. 中国电机工程学报，2019，39(09)：2537-2544.

[15] 高伟. 温米采油厂生产工艺过程危害因素浅析[J]. 安全，2011，32(08)：38-41.

[16] 谢孝宏. CNG加气站的风险分析[J]. 石油化工自动化，2011，47(03)：64-67.

[17] 孟昭云，王文平，别会伟，等. 储油罐检维修作业中的安全分析及对策[J]. 炼油与化工，2012，23(02)：49-52+60.

[18] 王洪明，潘永东. 油气站场天然气泄漏应急处置若干问题探讨[J]. 石油化工安全环保技术，2015，31(01)：15-18+5.
[19] 吴晓玲. 联合站火灾爆炸危险性分析[J]. 油气田地面工程，2007(02)：31+40.
[20] 苟忠，陈益能，王斌斌. 快速响应氢氧化钙质效测定方法[J]. 中国安全生产，2022，17(01)：54-55.
[21] 王庆峰. 浅谈油库罐区的安全管理[J]. 科技与企业，2014(11)：91.
[22] 李建峰. 基于 WEB 的安全预评价辅助系统的研究[D]. 江苏大学，2010.
[23] 王一昊，张毅，凌晓东. HAZOP 分析在污水处理系统中的应用[J]. 山东化工，2022，51(19)：200-203.
[24] 朱大禹. 安全生产过程中应用 HAZOP 分析的方法与局限[J]. 石化技术，2020，27(08)：7-8.
[25] 肖云. HALOPA 分析在罐区中的应用[J]. 云南化工，2019，46(01)：114-115+118.
[26] 程杰. 建筑安装工程施工安全风险评价与管理[J]. 现代管理科学，2002(09)：42-43.
[27] 王宝库. 谈煤矿采掘安全检查与评价[J]. 科技风，2011(13)：253.
[28] 李冬，张青，王孝民. 风险管控行动模型在某酸性气制酸装置中的应用[J]. 硫磷设计与粉体工程，2020(02)：30-33+6.
[29] 於健. 安全检查表在船舶安全管理中的应用[J]. 世界海运，2013，36(11)：23-25.
[30] 尹正钰. 预先危险分析方法在钻杆测试中的应用[J]. 海洋石油，2003(03)：99-102.
[31] 王一昊，张毅，凌晓东，等. 基于 HALOPA 的 PTA 装置风险分析研究[J]. 石油化工自动化，2022，58(06)：44-50.
[32] 曹洪亮. 基于 BowTie 模型的海洋钻井平台热工作业风险分析及对策研究[J]. 安全，2022，43(03)：28-32.
[33] 孔珊珊. 浅析安全评价技术在化工企业生产中的应用[J]. 山东化工，2022，51(12)：170-171+181.
[34] 王春梅. 基于第三方施工的长输天然气管道保护方法研究[J]. 能源与环境，2018(04)：22-24.
[35] 代红坤，王冲. 有色冶金工厂厂址选择的方法与实践[J]. 中国有色冶金，2013，42(04)：18-21+73.
[36] 周红涛，李垚璐. 网状地床在交流杂散电流排流系统的应用[J]. 全面腐蚀控制，2023，37(01)：64-68.

[37] 陆华，郭岩. 建设项目职业病危害预评价编写的几点要求[J]. 职业与健康，2004(08)：83-84.

[38] 翁旭晔，王琳洁. 石油化工管线在城市中的选址与布局研究——以中石化北仑段石油化工管线迁改工程选址为例[J]. 建设科技，2016(03)：46-47.

[39] 王忠旭，于冬雪，李涛，等. 冶金焦化生产的职业卫生管理[J]. 中国卫生工程学，2005(05)：7-11.

[40] 滕霖. 超临界CO_2管道泄漏扩散特性及定量风险评估研究[D]. 中国石油大学(华东)，2019.

[41] 杨珉，黄丽姣. PHAST RISK 软件在安全预评价中的应用[J]. 化工管理，2022(16)：110-113.

[42] 李家强，梁海宁，刘建武. 国内二氧化碳长输管道建设安全性分析[J]. 油气田地面工程，2014，33(04)：30-31.

[43] 刘超. 从河南暴雨引发企业爆炸看安全生产管理[J]. 现代国企研究，2021(09)：66-69.

[44] 薛松，金星龙，王晓艳. 安全教育：高校涉化类专业教师落实“三全育人”的有效途径[J]. 天津化工，2022，36(01)：132-135.

[45] 司恭. 企业全员安全生产责任制问题与对策[J]. 现代职业安全，2022(11)：86-88.

[46] 王庆. 国有大型航天企业安全生产责任体系建设[J]. 劳动保护，2021(03)：64-65.

[47] 潘文峥，张爱玲，杨志刚，等. 安全发展，让城市更美好[J]. 中国安全生产，2021，16(08)：16-29.

[48] 许嘉斌. 浅谈锅炉的安全管理工作[J]. 黑龙江科技信息，2015(03)：188.

[49] 李国军，郑树森. 煤矿企业安全技术培训的10种方法[J]. 煤矿安全，2003(04)：53-55.

[50] 潘芳. 强化安全观念 提升安全素质[J]. 广西电业，2016(06)：4-6.

[51] 张成龙，郝文杰，胡丽莎，等. 泄漏情景下碳封存项目的环境影响监测技术方法[J]. 中国地质调查，2021，8(04)：92-100.

[52] 魏宁，刘胜男，李小春，张贤，贾国伟，魏凤，胡元武. CO_2地质利用与封存的关键技术清单[J]. 洁净煤技术，2022，28(06)：14-25.

[53] 李琦，蔡博峰，陈帆，等. 二氧化碳地质封存的环境风险评价方法研究综述[J]. 环境工程，2019，37(02)：13-21.

[54] 王弘杰，王浩，何玉英，等. SCADA 系统在高含硫化氢气田的应用[J]. 中国石油和化工标准与质量，2012，32(07)：48.

[55] 邢建芬. 天然气长输管线的自动化现状及发展前景[J]. 仪器仪表用户，2012，19(06)：10-14.

[56] 高玉冰，宋旭娜，王可. 高度关注碳捕获与封存技术潜在环境风险[J]. WTO 经济导刊，2011(07)：73-75.

[57] 成晓燕，严宇明. 风力发电场建设中的危险源辨识与应急管理[J]. 电网与清洁能源，2010，26(12)：96-98.

[58] 刘勇. “135”应急处置原则在基层义务应急队伍建设中的应用[J]. 中国石油和化工标准与质量，2023，43(01)：110-111+114.

[59] 杨程，王玥，郑劲，等. 餐厨垃圾处置厂的气体检测报警系统设计[J]. 仪器仪表用户，2021，28(04)：26-28+32.

[60] 刘贺东，常硕伦，李建奎，等. 危险化学品生产企业工艺、设备安全检查方法与基本要领(续完)[J]. 聚氯乙烯，2022，50(03)：28-40.

[61] 刘鸣，高艳. 工程建设项目应急管理系统研究[J]. 项目管理技术，2011，9(03)：61-65.